水库岸坡防护工程可靠性设计与工程技术

苏爱军　童广勤　杨本新　徐光黎　冯明权
邹丛烈　张军伟　张利洁　庞海霞　程惠红　编著

中国地质大学出版社
ZHONGGUO DIZHI DAXUE CHUBANSHE

图书在版编目(CIP)数据

水库岸坡防护工程可靠性设计与工程技术/苏爱军等编著.—武汉:中国地质大学出版社,2009.12

ISBN 978-7-5625-2427-4

Ⅰ.①水…

Ⅱ.①苏…

Ⅲ.①水库-坍岸-防护工程-研究

Ⅳ.①TV697.3

中国版本图书馆 CIP 数据核字(2009)第 221768 号

水库岸坡防护工程可靠性设计与工程技术	**苏爱军　童广勤　等编著**

责任编辑:李菊凤	技术编辑:阮一飞	责任校对:陆慧琴

出版发行:中国地质大学出版社(武汉市洪山区鲁磨路 388 号)		邮政编码:430074
电　　话:(027)67883511	传　　真:67883580	E-mail:cbb@cug.edu.cn
经　　销:全国新华书店		http://www.cugp.cn

开本:787 毫米×1092 毫米 1/16	字数:256 千字　印张:10
版次:2009 年 12 月第 1 版	印次:2009 年 12 月第 1 次印刷
印刷:武汉市教文印刷厂	印数:1—1 000 册

ISBN 978-7-5625-2427-4	定价:28.00 元

如有印装质量问题请与印刷厂联系调换

序

水库岸坡是指受水库蓄水影响的库岸斜坡岩土体。由于水库对入库流量的调蓄的作用，使水库岸坡的水环境发生了显著变化：运行过程中库水位上下变动，改变了原来岸坡的地下渗流场，加大了动水、静水压力；水面的加宽水深加大，浪蚀作用的加强，岸坡再造的发生，改变了原有的库岸形态。水环境的改变使水库岸坡的水文地质条件，地应力和岩土体强度的变化均朝着不利于岸坡稳定的方向变化，因此，岸坡产生新的变形，地质条件差的地带甚至发生崩塌、滑坡等地质灾害。国内外众多水库蓄水后，都曾经出现过岸坡失稳所造成的地质灾害。三峡水库自135m蓄水以来，也发生过水库岸坡失稳和变形事件。

水库岸坡失稳所形成的地质灾害，给库区人民的生产生活带来巨大的损失，对工程建设，库区的基础设施造成严重的破坏。因此，开展对水库岸坡稳定性研究，特别是城镇地区的岸坡的稳定性研究及对不稳定水库岸坡的工程防治研究，是十分必要的。有些国家已将水库岸坡稳定性作为与主体工程同等重要的地位来开展研究，岸坡的稳定甚至成为确定工程建设规模或决定工程能否建设的重要因素之一。

水库岸坡变形破坏与岸坡结构、岩土性状、岸坡的几何形态、水动力条件及水库运行中水位的变动等因素密切相关。通常情况下，对岸坡的防治，是在搜集有关水文地质和工程地质资料的基础上，分析地质灾害产生的机理，灾害发生的范围，确定计算边界，选取计算物理力学参数，然后选用计算原理与方法，建立计算模型，求得各种破坏模式和应力状态。据此，选用安全、合理、经济、与库岸环境相适应的防治工程措施。由于地质体的复杂性和获取的资料的局限性，存在许多的难以准确判断的因素，如岩、土体计算物理力学参数的选取，某些岸坡的计算边界的确定、地下渗流分析的初始条件，计算模型等问题，都存在一定的不确定性。对于这些问题应认真对待，妥善处理，否则将可能造成工程投资的潜在浪费或给工程安全带来隐患。本书作者从不同方面，以不同的方式，依据自己的工作经验，对计算参数的选取，计算模型的建立，以及针对不同破坏模式选用合理的工程措施等问题，提出了很有启迪性的见解。

本书中作者以当前工程实践中通用的、较成熟的理论和设计方法为基础，分析总结水库岸坡工程治理中成功的经验和失败的原因，对水库岸坡灾害防治工程设计，从工程地质和工程结构两方面进行了有益的探索，并应用于三峡工程地质灾害防治工程某些工程项目中，取得了良好的治理效果。

地质灾害防治工程是综合性很强的应用科学，包含有工程地质、岩土力学、水力学、结构工程等多种学科。本书的作者们以其深厚的基础理论知识，丰富的工程实践经验，提出了水库岸坡防治工程设计的基本思路，设计方法，对条块法进行了合理改进，书中附有详细的工程事例，可供从事地质灾害防治工程设计人员和从事地质灾害防治工程研究的同仁们借鉴与参考。

我认识本书的作者们已十多年了，他们长期工作在地质灾害防治工作第一线，勤于思索、善于总结、敢于探索，抱着对科学的执着追求，以提升我国地质灾害防治水平为己任。我很高兴结识此辈英才，也希望他们在今后的工作中取得更大的成绩。

2009 年 12 月 20 日

目　录

第一章　绪　言 …… (1)

第一节　水库岸坡的基本类型 …… (2)

一、按照水库岸坡岩土结构分类 …… (2)

二、按照岸坡地形条件分类 …… (2)

第二节　水库岸坡变形破坏的基本形式 …… (2)

一、顺层“滑移-弯曲”滑塌 …… (2)

二、牵引式“滑移-拉裂” …… (3)

三、岸坡“侵蚀-剥蚀”再造 …… (3)

四、蠕动-张裂变形 …… (3)

五、坡面表层剥蚀 …… (3)

第三节　水库岸坡防护可靠性设计与工程技术 …… (3)

一、可靠性设计研究 …… (3)

二、防治策略与工程技术 …… (6)

第四节　岸坡防护可靠性研究对三峡工程的意义 …… (9)

一、关于水库岸坡治理工程的设计，缺乏现成的标准 …… (9)

二、设计参数盲目性较大 …… (9)

三、防治工程可靠性设计研究不深入 …… (9)

四、稳定分析方法及评价准则不统一 …… (10)

五、水库调度运行对岸坡稳定的影响研究缺乏深度 …… (10)

六、防治措施可行性研究不够，存在安全隐患 …… (10)

第五节　本书的主要内容 …… (10)

第二章　土工参数可靠性分析 …… (12)

第一节　土工参数的可靠性分析方法 …… (12)

一、土工参数不确定性因素分析 …… (12)

二、相关变量数学处理 …… (13)

第二节　岸坡防治工程可靠性设计基本思想 …… (15)

一、岩土工程设计的基本思想 …… (15)

二、岸坡防治工程设计的基本思想 …… (18)

第三节　土工参数可靠度分析 …………………………………………………… (20)
一、评价土工参数可靠度的流程…………………………………………………… (20)
二、土工参数值…………………………………………………………………… (21)
三、土工参数标准值的确定方法…………………………………………………… (22)
四、土工参数设计值的确定方法…………………………………………………… (25)
第四节　可靠度分析模型的建立及集成外延 ………………………………………… (27)
一、设计方法……………………………………………………………………… (27)
二、设计工况……………………………………………………………………… (28)
三、可靠性设计计算……………………………………………………………… (30)

第三章　塌岸危险性风险评估 …………………………………………………… (31)

第一节　危险性风险评估方法及理论基础 ………………………………………… (32)
第二节　水库岸坡塌岸灾害危险性评价 …………………………………………… (34)
一、水库岸坡塌岸灾害发生概率确定方法………………………………………… (35)
二、水库岸坡塌岸灾害危险性区划方法…………………………………………… (36)
第三节　水库岸坡塌岸灾害易损性评价 …………………………………………… (36)
一、经济易损性…………………………………………………………………… (37)
二、社会易损性…………………………………………………………………… (39)
三、环境易损性…………………………………………………………………… (40)
第四节　水库岸坡塌岸灾害风险评价 ……………………………………………… (41)
一、评价方法……………………………………………………………………… (41)
二、场地与区域风险评估的差异…………………………………………………… (44)
第五节　风险评估因素的确定及预测模型讨论 …………………………………… (45)
一、塌岸稳定性评价指标的确定…………………………………………………… (45)
二、易损性评价指标的确定……………………………………………………… (46)
三、预测模型讨论………………………………………………………………… (46)
第六节　水库岸坡塌岸灾害风险预测实例 ………………………………………… (51)
一、危险性等级评估……………………………………………………………… (51)
二、易损性等级评估……………………………………………………………… (52)
三、风险等级评估………………………………………………………………… (54)

第四章　岸坡稳定可靠度分析 …………………………………………………… (57)

第一节　可靠度分析理论的一般表达式 …………………………………………… (57)
一、状态函数 $Z(Z=R-S)$ ……………………………………………………… (57)
二、状态函数 $Z(Z=R/S)$ ……………………………………………………… (58)
第二节　可靠度分析方法 …………………………………………………………… (59)
一、Monte Carlo 模拟法 ………………………………………………………… (60)

二、中心点法……………………………………………………………………………………(63)
三、验算点法……………………………………………………………………………………(63)
四、统计矩法……………………………………………………………………………………(64)
第三节　库岸体稳定性可靠度分析 ……………………………………………………………(67)
一、库岸体稳定性的影响因素分析……………………………………………………………(67)
二、刚体极限平衡状态方程……………………………………………………………………(68)
三、用函数连分式渐近法计算偏导数…………………………………………………………(70)
四、非正态变量的处理…………………………………………………………………………(72)
第四节　滑坡可靠性实例分析 …………………………………………………………………(73)
一、核桃树沟滑坡概况…………………………………………………………………………(73)
二、稳定性可靠度分析模型……………………………………………………………………(75)
三、中心点法分析过程…………………………………………………………………………(76)
四、中心点法计算结果分析……………………………………………………………………(78)
五、其他方法计算结果…………………………………………………………………………(78)
第五节　岸坡稳定性可靠性分析 ………………………………………………………………(79)
一、计算模型……………………………………………………………………………………(79)
二、计算结果分析………………………………………………………………………………(80)

第五章　防治措施结构可靠度设计 ……………………………………………………………(81)

第一节　结构设计的目标 ………………………………………………………………………(81)
一、设计要求……………………………………………………………………………………(81)
二、目标可靠度…………………………………………………………………………………(81)
第二节　结构可靠度设计法 ……………………………………………………………………(83)
一、结构可靠度的直接设计法…………………………………………………………………(83)
二、结构可靠度的间接设计法(实用表达式)…………………………………………………(83)
三、规范设计表达式……………………………………………………………………………(89)
四、Hasofer－Lind 优化设计法 ………………………………………………………………(89)
第三节　常用结构可靠度设计方法 ……………………………………………………………(92)
一、抗滑桩支挡结构体系………………………………………………………………………(92)
二、挡土墙支挡结构体系………………………………………………………………………(97)
三、锚杆结构体系 ……………………………………………………………………………(101)

第六章　三峡水库岸坡防治工程设计标准……………………………………………………(105)

第一节　三峡水库库水位变化情况……………………………………………………………(105)
第二节　三峡水库淹没处理设计洪水标准……………………………………………………(105)
第三节　三峡水库岸坡防治工程设计标准……………………………………………………(106)

第七章　岸坡防护思维及配套性工程措施……………………………………………（108）
第一节　治理思路及策略……………………………………………………………（108）
一、岸坡塌岸形成机理 ……………………………………………………………（108）
二、岸坡塌岸形式 …………………………………………………………………（110）
三、治理思路及策略 ………………………………………………………………（110）
第二节　常用治理措施设计…………………………………………………………（111）
一、非结构性措施 …………………………………………………………………（111）
二、结构性措施 ……………………………………………………………………（113）
三、表面防护措施 …………………………………………………………………（115）
第三节　若干问题的讨论……………………………………………………………（116）
一、改进传递系数法 ………………………………………………………………（116）
二、关于抗滑桩（或桩板式墙）的计算 ……………………………………………（123）
第四节　工程实例……………………………………………………………………（127）
一、万州城区长江左岸岸坡防护工程 ……………………………………………（127）
二、奉节新城区岸坡防护工程 ……………………………………………………（129）
三、奉节猴子石滑坡防治工程 ……………………………………………………（132）

第八章　新工艺新材料在岸坡防护中的应用…………………………………………（134）
第一节　常用岸坡塌岸防治工程措施………………………………………………（134）
一、干砌（条）石在塌岸防治工程中的应用 ………………………………………（134）
二、浆砌石在岸坡塌岸防治工程中的应用 ………………………………………（134）
三、抗滑桩在岸坡塌岸防治工程中的应用 ………………………………………（135）
四、桩墙复合结构在护坡塌岸防治工程中的应用 ………………………………（135）
五、格构在塌岸防治工程中的应用 ………………………………………………（136）
第二节　人工材料在塌岸防治工程中应用的适宜性研究…………………………（137）
一、土工合成材料在塌岸防治工程中的应用 ……………………………………（137）
二、干砌（条）石＋土工布在塌岸防治工程中的应用 ……………………………（139）
三、预制混凝土块＋土工布在塌岸防治工程中的应用 …………………………（139）
第三节　天然材料在塌岸防治工程中应用的适宜性研究…………………………（141）
一、天然材料在塌岸防治工程中的应用特点 ……………………………………（141）
二、格宾网垫在塌岸防治工程中的应用 …………………………………………（142）
三、园木面板石笼技术 ……………………………………………………………（146）
四、绿化槽锚固技术 ………………………………………………………………（147）
第四节　塌岸防治工程应用的可行性比较…………………………………………（148）

参考文献…………………………………………………………………………………（150）

第一章 绪 言

水库岸坡防护工程已引起世界各国水利工作者的高度重视。水库蓄水及运行过程中，将使水库岸坡所处环境的条件产生显著变化，如水位抬高、水深加大、水面变宽、浪蚀作用加剧等。诸如库水水位长期性、周期性的上升、下降的变动与水流侵蚀条件的改变，会使水库岸坡的水文地质条件、应力条件和岩土体强度发生变化，必然会引起水库岸坡的变形、失稳，造成水库岸坡侵蚀、剥削、崩塌、滑移等再造或变形的不良现象。水库岸坡再造、变形的严重后果，可能使库区已有的古滑坡复活，同时也会诱发新的崩塌和滑坡。水库岸坡的再造、变形不但会使入库的土石淤积于库中，减少水库的有效库容，减小水库效益，而且还可能诱发滑坡、崩塌以及由此引起的涌浪，这些均会危及水库的正常运营。同时，再造带的拓展会对水库沿岸的城镇、居民点和基础设施等造成不同程度的损毁。水库工程建成后因岸坡稳定问题造成工程不能发挥正常效益的事例并不鲜见。全球规模最大、最具灾难性的滑坡事件——意大利瓦依昂水库因水库蓄水诱发的滑坡，致使近 2 亿 m^3 土石迅速淤满水库，掀起高出坝顶 100 多米的涌浪，摧毁了下游一村镇，造成近 3 000 人死亡，整个水库变为石库；再如，三峡水库 135m 蓄水后发生的第一个滑坡——千将坪滑坡，滑坡入河方量超过 $100\times10^4m^3$，造成 13 人死亡、11 人失踪、19 人受伤，直接经济损失达 5 736 万元以上。千将坪滑坡给了我们一个重要的警示：三峡库区正常蓄水运行后，年水位落差达 30m，类似千将坪滑坡的事件还有可能发生。

在水库岸坡失稳事故造成重大灾害的警示中，人类愈来愈认识到在水库运营过程中岸坡再造和变形是具有普遍性的，因此，开展对水库岸坡特别是城镇岸坡的稳定性研究，并对不稳定岸坡进行防治是十分必要的。有些国家已将水库岸坡稳定作为与主体工程同等重要的地位开展研究，甚至成为确定工程建设规模或决定工程能否建设的重要因素之一。

通过工程措施对那些因失稳和可能失稳而给工程和人民生命财产造成危害的岸坡进行整治，使其稳定性满足使用要求（或规范要求）是水库岸坡防护的目的。长期以来，工程上采用极限平衡方法，根据静力平衡原理分析岸坡在各种破坏模式下的受力，借助坡体上抗滑力（矩）和下滑力（矩）之间的关系来分析评价岸坡的稳定性，进而采取相应的措施。然而，由于地质体的复杂性，在水库岸坡防护分析中有许多的不确定因素：岩土层面及边界条件的不确定性、岩土性质的变异性、荷载及分布的不确定性和计算模型的不确定性等。现行的定值设计方法未深入考虑这种不确定性，使得水库岸坡防护工程的可靠性往往受制于人为经验。安全系数虽是欲以数值表示的安全度指标，但并不能作为定量表示的尺度。因此，在遵循综合治理、经济合理、全面规划等库岸岸坡的防治原则的前提下，将可靠度（或叫破坏概率）的概念引入到水库岸坡防护工程设计中，从而可以更好地达到防护的目的。

第一节 水库岸坡的基本类型

水库岸坡结构是库岸岸坡变形破坏的关键因素之一。不同的岸坡结构特征决定了不同的岸坡变形破坏类型、数量和规模，即使在相同的地质环境下，具有不同结构的岸坡，其岸坡再造方式一般也不同。因此，查明水库岸坡特征对分析岸坡发育特征、变形破坏机制、进行稳定性评价和岸坡防护有十分重要的意义。

一、按照水库岸坡岩土结构分类

根据水库岸坡岩性特征，可划分为土质岸坡、岩质岸坡、岩土混合岸坡。

根据水库岸坡物质组成，土质岸坡又可分为黄土状土质岸坡、冲洪积土质岸坡、崩滑堆积岸坡和残坡积岸坡；对于岩质岸坡，根据岩层产状、岩石坚硬程度和河流的走向或岸坡走向，又可分为平缓层状岸坡、横向岸坡、逆向层状岸坡和斜向层状岸坡；岩土混合岸坡又可分为土-软岩岸坡和土-硬岩岸坡。

二、按照岸坡地形条件分类

根据库岸岸坡的坡度，可将岸坡划分为陡坡型、缓坡型、上陡下缓型、下陡上缓型、凹形弧线型和凸型弧线形 6 种。

第二节 水库岸坡变形破坏的基本形式

水库岸坡变形破坏形式与岸坡岩性特征、岸坡坡角、库区地质环境、岸坡地质结构类型、水动力条件及水库运行动态等环境因素密切相关。缓坡型土质岸坡底端一般表现为侵蚀型破坏；松散堆积层较厚的岸坡一般形成坍塌活滑移；片状、板状薄层状岩体本身层间结构强度较低，易发生较大的变形，在该类岩体构成的库段内，晚近地质时期形成的各类残坡积、崩坡积及滑坡体等第四系堆积体极为发育，水库蓄水后，水库破坏的事件发生的概率相对较高，破坏模式一般为顺层滑移。通过对典型水库岸坡变形破坏实例，分析岸坡在库水作用下的变形破坏机理，其变形破坏的基本模式如下。

一、顺层"滑移-弯曲"滑塌

这类塌岸变形发育于走向与坡面近于一致、倾向坡外、倾角大于坡角的柔性片状、板状及薄层状岩体且三面临空的岸坡。在这种特定的地质结构条件下，层(片)理面倾角明显大于该面的残余摩擦角。在重力作用下，沿着岩层片理面滑移的薄层状柔性岩体，因下部滑移面未临空而受阻，在顺滑移的压应力作用下发生弯曲变形。

水库蓄水后，坡体变形演变过程包括 3 个发展阶段：

(1)初期轻微弯曲阶段，通常发生在顺层压应力与层面法向应力较大的坡体下部；

(2)强烈弯曲-隆起阶段，岩体强烈松动扩容，地面隆起，出现剖面"X"型剪切错动，其中一组逐渐发展为潜在滑移切出面；

(3)滑移切出面贯通并发展为滑坡，表现为崩滑或滑崩式破坏。

二、牵引式“滑移-拉裂”

这类滑坡变形主要发育在坡形相对较陡的古滑坡堆积体、残坡积松软岸坡。岸坡多为局部地下水相对富集区、坡体为粘性土与块石混合堆积，结构松软。在库水浸润和水位急剧消落作用下，坡体受最大剪应力作用面或某种软弱结构面(基-覆界面)控制，向临空方向发生剪切蠕变，变形体后缘发育自地表向深部发展的拉裂变形。发展趋势是沿坡体潜在剪切面从前缘开始逐级向后缘滑移解体。

这类变形模式的最终表现形式有两种，根据实测资料统计分析，当岸坡的总体坡脚≥21°时，发生位移-滑塌式破坏；当总体坡脚≤21°时，岸坡只发生剪切蠕变-拉裂式变形，不发生塌岸破坏。

三、岸坡“侵蚀-剥蚀”再造

这类塌岸变形在各种整体稳定性较好的第四系堆积体岸坡均可发生。水库波浪对岸坡的冲击磨蚀作用不仅直接冲击破坏岸坡，并且在较大的压力下将水和空气压入岩土体的裂隙及空隙中，迫使岩土体破裂松动，以至掏蚀塌落。

这种边岸再造作用在水库各地段的水动力条件有所不同。水库下游段水面宽阔，水体处于似静水状态，波浪是水库岸坡再造的主要营力：水库上游段，水体处于准流动状态，水流的侵蚀作用和波浪的磨蚀掏蚀作用共同控制岸坡再造；库尾端，岸坡再造的主要营力以流水的侵蚀作用为主，波浪的磨蚀掏蚀作用次之。

四、蠕动-张裂变形

这类变形主要发育在坡形低缓、地下水相对富集、以细粒土为主的混合型拟均质松软岸坡。坡体在库水浸润作用下，每年水位下降时均发生剪切蠕变，坡面发育向深部发展的拉裂变形。多数情况下，这种作用仅表现为形成一定厚度的坡体剪切蠕变，不发生整体失稳破坏。

五、坡面表层剥蚀

厚度小于3.0m的各类坡面堆积层植被较发育。天然状况下的稳定性取决于基-覆界面的结构强度。在正常高水位—死水位之间水位急剧消涨波动的长期侵蚀-剥蚀作用下，虽然正常高水位线下的坡面堆积层均已被剥蚀，但水位线以上的坡面堆积层仍然保持原有的稳定状态，水下稳定坡脚即为基-覆界面倾角，水上稳定坡脚保持原有状态不变。

第三节 水库岸坡防护可靠性设计与工程技术

一、可靠性设计研究

可靠性理论和可靠性工程研究是当今世界各国工业领域的热门课题之一，是一门正在迅速发展的新学科，可靠性分析方法被誉为近代工程技术的重要发展。

自20世纪20年代起，国际上开展了结构可靠性基本理论的研究，并逐步扩展到结构分析和设计方面，以概率统计为基础的可靠度理论在土木工程结构方面的研究和应用是开展得较早的领域之一。20 世纪 70 年代，成立了国际安全度联合委员会(JCSS)，专门研究结构安全度和设计方法的改进，编制了《结构统一标准规范的国际体系》。20 世纪 80 年代中期，国际在工程设计标准、规范方面取得了重大进展，国际标准化组织(ISO/TC98)于 1986 年颁布了一个标准文件《结构可靠性总原则》(ISO2394)，这在推进世界各国结构可靠度设计方面起了重要作用。在 20 世纪 80 年代后期，可靠性理论在土木工程中的研究领域进一步扩大，除土性参数和边坡外，内容涉及海洋平台基础、边坡锚桩、挡土墙以及基础的破坏模式和计算模型的不确定性等。1993 年 5 月，在丹麦哥本哈根召开了岩土工程极限状态设计(即认为是优化设计)国际学术会议，会议发表论文 68 篇，内容涉及到岩土工程可靠性设计的诸多方面，此会议影响深远。

我国岩土工程可靠性研究始于 20 世纪 70 年代末期，最初侧重于土工数据的统计处理、经验方程的建立和回归分析等方面，然后对土层的概率分布模型、土性参数的不确定性等进行研究，涉及地基承载力、土坡稳定、桩基础、挡土墙、土性参数和地基沉降等方面。1983 年初中国力学学会岩土力学专业委员会在同济大学召开的"概率学与统计学在岩土工程中的应用"专题学术座谈会，促进了可靠性理论的发展。对于边坡可靠性研究工作开展较晚，时至 1983 年，攀钢石灰石矿边坡可靠性分析与经济分析研究课题才作为第一个这个领域的研究成果通过冶金部鉴定。近年来，边坡可靠性研究和应用得到一定的发展，尤其是作为我国"七五"计划重点科技攻关项目"尖山铁矿边坡优化设计方法研究"，其对可靠性分析作了全面深入的探讨。1987 年，包承纲、于丽进行了土坡在非常条件下稳定分析的概率方法的研究；1988 年，吴世伟进行了结构可靠度的探讨；1990 年，祝玉学等进行了边坡工程评价指标的演化与发展、边坡稳定可靠性分析基本方法的研究；1993 年，祝玉学的《边坡可靠性分析》一书，对目前边坡可靠性分析所常用的方法作了较为全面的介绍与分析，是我国第一本较为系统的关于边坡可靠度理论方面的著作。可以预计，可靠性分析方法的推广和应用必将进一步推动我国边坡工程技术的进步。

1990 年，国家成立了"岩土工程可靠度可行性研究攻关组"，开始将可靠性设计引入规程、规范，先后颁布了《工程结构可靠度设计统一标准》(GB50153－92)、《港口工程结构可靠度设计统一标准》(GB50158－92)、《水利水电工程结构可靠度设计统一标准》(GB50199－94)、《铁路工程结构可靠度设计统一标准》(GB50216－94)、《公路工程结构可靠度设计统一标准》(GB/T50283－1999)、《建筑结构可靠度设计统一标准》(GB50068－2001)。近年来，国内外已开始用概率和可靠度的方法研究水库岸坡稳定问题。可靠度法随机变量的取值除了重度、内聚力和内摩擦角外，还要考虑弹性模量、泊松比、剪胀角和侧压力系数对塌岸体安全系数的影响。

工程设计中有很多计算参数是随机变量。可靠性设计方法是建立在概率统计基础上的，它和安全系数法相比具有明显的优越性。1992 年制定的《工程结构可靠度设计统一标准》(GB50153－92)，标志着以二阶矩为基础的结构可靠度分析方法已进入实用化阶段。在岩土工程的设计方面，已经从定值设计法向极限状态设计法过渡。

在岩土工程的可靠度计算中，不仅基本变量有着自相关性，而且基本变量之间往往存在较强的互相关性。基本变量的自相关性应在参数统计时加以考虑，而基本变量之间的互相关性则应该在可靠度计算过程中加以考虑。基本变量之间往往存在着较强的相关性，特别是土体的 γ、c、φ 之间相关性更强。忽略这种相关性将给斜坡岩土体的可靠度计算结果带来较大的影响，是不可取的，并且是偏于不安全的。

滑坡稳定性的概率分析是近年来才发展起来的岩土工程可靠度分析的一个重要方面，它的基本思想是非确定论、非线性论，即把影响滑坡稳定性发展变化的一系列因素作为随机变量，建立各自的概率统计模型。这一技术思路符合系统工程地质的思想，因而具有强大的生命力。目前主要分析方法有蒙特卡洛法、一次二阶矩法、中心点法、验算点法、函数连分式渐近法和 Hasofer－Lind 优化法。

（一）蒙特卡洛法

从概率的角度出发来求解失效概率，首先对影响可靠度的随机变量进行大量随机抽样，然后将这些抽样值逐个代入功能函数，累计功能函数值小于零的个数，由此确定失效频率。

（二）一次二阶矩法

属于水准Ⅱ级（Ⅰ级：半概率分析法；Ⅱ级：近似概率分析法；Ⅲ级：精确概率分析法）的概率方法。该法是将抗力和荷载效应作为随机变量（随机过程），按给定的概率分布来估计失效概率或可靠指标，采用平均值和标准差两个统计参数，对设计表达式作线性化处理。一次二阶矩法（The first－order second－moment，FOSM）按随机变量的分布分为两种情况：

（1）不考虑随机变量的实际分布，假定它服从正态分布或对数正态分布，导出可靠度的解析表达式。由于分析时采用了泰勒级数在平均值（即中心点处）展开，故简称为中心点法。

（2）考虑随机变量的实际分布，将非正态分布变量正态化，在设计验算点作迭代，计算可靠度、破坏概率，故称验算点。此方法已由国际结构安全度委员会所推荐，也称 JC 法。

（三）中心点法

由 Conell C. A.（1969），Rosenblueth E. 和 Estra L.（1972）等人提出和完善的统计方法。该方法的基本思想是：假定随机变量服从正态分布或对数正态分布，利用泰勒级数将状态函数在平均值处展开，并取一次项，对状态函数进行线性化处理，导出可靠度的解析表达式。

（四）验算点法

在实际工程中，状态函数不一定是线性的，状态函数的基本变量也不一定都服从正态或对数正态分布，为此 Rackwitz R. 和 Fiessler B. 提出了当量正态变量模型，并把极限状态函数推广到非线性的更一般情况，这就是改进的二阶矩理论，也称验算点法。

（五）函数连分式渐近法

当采用稳定安全系数 $F=R/S$ 作为状态函数时，特别是在 Bishop 方法、传递系数法等常用的斜坡稳定性的分析方法中，稳定安全系数不再是随机变量的线性函数，而且有时所含随机变量可能以隐式形式存在，这种情况下，状态函数对随机变量的偏导较难计算得出，一次二阶矩法不再适用。函数连分式的渐近计算法，可以很好地解决此问题。函数连分式渐近法对于解决状态函数的隐式形式和非线性状态有独特的优势，用该方法可以方便地求解出状态函数对随机变量的偏导数，求出滑坡稳定性的可靠指标和破坏概率。

（六）Hasofer－Lind 优化法

Hasofer－Lind 优化法是 Hasofer 和 Lind 提出的不变二阶矩可靠度指标 β。1974 年由 Abaham M. Hasofer 和 Niels C. Lind 首次提出，其对岩土工程领域的工程结构体系的可靠度计算产生了相当大的影响。在随后的工程实践活动中，新加坡南洋理工大学的 Low bak kong对其进行了改进，计算环境采用基于Microsoft公司的Excel软件的规划求解器。在用Hasofer－Lind优化法求解可靠度指标β时，利用Microsoft公司的Excel软件的规划求解器进行优化求解，可避免求极限状态函数对基本变量的偏导数以及相关变量的独立变换这两个问题。

在求解过程中，用差分代替导数，省去了人工求极限状态方程对基本变量的偏导数的工作量，特别是当进行复杂问题的可靠度计算时，极限状态方程一般是基本变量的复杂函数，有时甚至是隐函数，且基本变量之间又可能具有较强的相关性，用规划求解器求解有明显的优越性。甚至当基本变量是非正态分布时，同样可以利用Excel进行当量正态化。实际算例也证实了方法的可靠性和高效性。

传统稳定性分析所定义的稳定系数概念是基于经验，符合逻辑。然而，对于给定某一类型应用，如斜坡长期稳定性(long-term slope stability)，普遍的做法是运用同一数值的安全系数，而不考虑计算中所涉及的不确定性。从传统上将同一安全系数运用于不确定性广泛变化的不同条件而言，确定性分析(deterministic analysis)是不合逻辑的。

可靠性计算提供了一种估算不确定性耦合效应的手段，也提供了一种区分不确定性或高或低条件(因素)的手段。尽管可靠度理论具有潜在价值，但是在边坡稳定性计算中还没有得到广泛应用。这可能源于两个因素：第一，可靠度理论涉及工程师尚不熟悉的一些概念和术语；第二，普遍认为，在大多数情况下，可靠度理论比以往传统方法需要更多数据和更多分析工作。

Wilson(1999)，Low(1997，2000)，Christian(1994)等都曾给出过很好的可靠度应用实例工作和清楚的理论描述。

二、防治策略与工程技术

经过多年治理水库岸坡的实践，我们总结出以下4条治理水库岸坡的治理原则。

(一)避让的原则

三峡水库建设，最难的是移民城镇迁建问题。三峡库区环境容量压力大，是造成三峡库区人为地质灾害严重的根本原因。库区移民建设经常会遇到滑坡，而滑坡事件是个不可逆转的过程。

目前，工程界对于滑坡的失稳机理还不甚明了，当然对于滑坡治理的长期效果不能断以“安全”的长期评价，同时，出于经济的目的，“开发”滑坡也是件费力不讨好的事。

众多的滑坡事件表明，遭遇滑坡时，如若能避，则最好避之。因此，对于一部分不稳定的和正在变形的滑体，由于工程治理耗资巨大，一般采取回避原则，即把其上居民、单位、工厂搬迁转移到安全地带，或将其上的道路改道、改变道路线型等。

如位于三峡工程库区云阳老县城云阳西城滑坡，其距三峡大坝约260km。长江三峡水库蓄水后，云阳县老县城城区云阳镇主体部分将被淹没，县城迁往其上游约34km的双江镇。西城滑坡淹没线上仍然有部分单位、居民及工矿企业，据统计房屋面积达171 579.0m²，人口5 719人，其中居民3 717人。

滑坡区内人员密集，对滑坡区内人员安全构成危害的有4个方面：首先，滑坡体的稳定及在水库蓄水后的稳定；其次，三峡水库蓄水后的岸坡再造；第三，滑坡体后缘崩、坡积稳定性对居民区的影响；第四，后缘基岩顺层滑动的影响。

三峡水库蓄水后，滑坡体所处的环境地质条件的变化对滑坡的稳定更不利。尽管滑坡前缘有反翘的层状碎裂岩体，但该岩体本身裂隙十分发育，比较破碎，抗滑力有限，而且岩性多为粉砂质泥岩，极易进一步风化和软化。加之库水位在高程175～145m之间频繁变化，滑坡体软弱物质在饱和与失水的交替状态下，力学性质将会进一步的恶化，软弱带的抗剪强度随着降低。特别是在水库水位下降时，在滑坡体内形成一定的动水压力，极可能会导致滑坡失稳。

因此，水库蓄水后，为了能够继续利用西城区，保证此区居民和单位的生命财产安全，需要采取一定的工程防护措施。

经综合考虑滑坡区地形地质环境、对治理与搬迁进行经济比较，最后，对滑坡区采取整体搬迁避让，滑坡区所有人员搬迁至云阳新县城。

(二)顺应性原则

三峡库区地少人多的局面注定了移民建设与滑坡的无法避免的事实，且是大量的。出于人类的自我目的，对于滑坡的“开发”及“伤害”是不争的事实。事实上，特定对象的地质体，即使是古滑坡体，其在自身发育的悠悠历史中，各种有利与不利的因素经过不断的转化与自我调整，基本达到一种平衡态。如若人类出于自我的目的，非要打破其平衡，人类是要付出代价的。

古语有云“顺势就坡”，若我们在建工程的同时，顺应滑坡自我稳定，即使局部对滑坡稳定有不利，但也不碍大局。

如对兴山县粮管所滑坡治理过程中，贯彻了滑坡治理工程顺应性原则，采用对主滑段挖方减载、阻滑段前沿填方阻滑的方案，既治理了滑坡，又增加建设用地近10公顷，取得了良好的经济效益。自此在三峡库区开创了既治理地质灾害又合理回填扩大建设用地之先河，在较大程度上缓解了迁建城市建设用地严重不足的局面。

(三)生态性原则

三峡库区“九曲回廊”，环境秀丽优美，出于库区可持续发展的目的，在进行滑坡治理时结合生态性措施，是很有必要的。同时，生态性措施对提高滑坡体的稳定性是很有效果的，且也是长期的。

人工边坡绿化种植是环境岩土工程和生物工程技术的一个重要组成部分，符合可持续发展要求。斜坡工程一般都包含边坡绿化种植工作部分，如果在设计时认真考虑并选择种植技术和相应的斜坡工程措施，完全能保证斜坡的安全，种植成本也可以接受，比同等的结构性措施造价要低。

对滑坡实施生态植被工程，在植被充分发育时，植被生长出的根系，顺着三维土工网对斜坡表面进行直接覆盖，对所覆盖的岩、土体起锚固、包裹作用，增加坡面岩、土体的法向力，相应的增强滑坡抗滑力。随着植被在坡面的形成，三维土工网与密布的植被根系紧密交织，有助于植被根系更均匀、紧密地交织在一起，形成牢固的三维土工网与植被紧密复合体，对斜坡浅层岩、土体起到加筋作用。这种加筋岩、土体可起到挡土墙及坡面防护结构的作用，具有较高的耐久性，从而可长期保护边坡免受冲刷和滑动破坏；通常植物的根系活动能达到很深的加筋效果，可有效地提高坡面岩、土体的内聚力与内摩擦角，从而增加岩、土体的抗剪强度；植物的蒸腾排水可减小孔隙水压力、增加岩土体的抗剪强度并减小岩、土体内重力，对稳定边坡非常有利。

滑坡通常发生在斜坡的局部薄弱部位、许多斜坡破坏都是在极端不利条件下，长时间大降雨等形成局部的浅层滑坡，通过用锚固土工网植被护坡技术，即使边坡局部地段具有滑动倾向，但由于锚固三维土工网的整体约束功能，局部滑体的下滑力可通过锚固土工网向四周消散、分解，从而提高边坡的整体稳定性，减少局部滑坡的机率。

滑坡生态性治理是今后滑坡防治的发展趋向，与其较传统的污工砌体防护有无可比拟的优越性。

（四）非结构措施优先原则

三峡库区滑坡事件是“十滑九水”，其水源有大气降雨或入侵库水。有鉴于此，滑坡治理首要是采用治水方略。总的说来，滑坡治理宜采用“以排水工程控制滑移变形，以减载回填工程减滑，再以结构性（支挡）措施止滑”的综合方式。（滑坡防治工程措施分非结构性和结构性两类。非结构性措施指排水工程、减载回填工程、生态植被工程等，结构性措施指抗滑桩工程、重力式抗滑挡土墙工程、悬臂式和扶臂式挡土墙工程、锚杆挡土墙工程、预应力锚索工程、格构锚固工程等。）

在制定滑坡防治方案时，要查明滑坡与地形、地质、活动状况及降雨等的关系。降雨和滑坡运动有密切关系时，要立即进行排除地表水工程，以防雨水下渗。长时间的降雨（梅雨等）或融雪与滑坡活动有密切关系时，防治措施最好以排除地下水工程为主。

减载回填工程的目的在于改变滑坡的自然条件，而使滑坡运动得以停止或缓和。抗滑工程则在于利用抗滑构筑物来支挡滑坡运动的一部分或全部，使其附近及该地区内的设施及民房等免受其害。这类工程主要用来防治中小规模滑坡或部分防治大规模滑坡，或者用来改变滑坡的运动方向。

持续运动情况下的滑坡，采用抗滑工程（挡墙、抗滑桩等）成本高，有时施工还不安全，因此最好先做减载回填工程及排水工程，以减小滑动力，而在适当的时候再做抗滑工程。

对粘性土流动性滑坡，以采用暗沟、明沟排除浅层地下水、地表水为主要防治措施，但在粘性土体非常软弱的情况下，应在滑坡上部用截断和排除地下水的工程来防止地下水流入滑坡区内，使其逐渐稳定。

对于单一的滑坡体（其上部斜坡没有另外的运动块体或潜在性滑坡），滑动面的形状明显地呈弧形时，在运动块体的后部采用刷方减重或在滑动面附近采用排除深层地下水的措施是有效的。

在滑坡的倾斜方向连续有几个运动块体，滑动面的形状又近于直线时，可在前缘部位采用反压填土或排除地下水工程。

抗滑工程仅对防治中小规模的滑坡有效，对大面积的滑坡，可稳定其一部（例如后缘部、周边部、侧部附近）或其中一个小的运动块体，亦可用于那些不宜采用排除地下水工程或刷方减重等防治措施的滑坡。如云阳县新城区寨坝滑坡体前缘因公路开挖引起的民德小学变形体，通过分析论证，其为由公路开挖引起下伏起伏较大的含水层排水导致上覆土体差异沉陷引起表土产生相对水平位移所致，结合仅采用相对简单的排水结合局部清方方案，便使滑坡整体达到了稳定，取得了显著的经济和社会效益。而今寨坝滑坡体上已建设了大量的房屋建筑，成为云阳新城区的一部分。

一般而言，水库岸坡结构性治理措施多采用挡、支、排、减、压、护的综合整治措施，即用抗滑桩、抗滑挡墙、预应力锚固（锚索或锚杆）、支撑盲沟（同时起排水作用）等工程措施阻挡水库岸坡的滑动；用浆砌石（或混凝土面板、干浆石、石笼）等护坡防止库水对岸坡的掏蚀或冲刷；用地表排水系统如截水沟、排水沟等截排滑坡地表水，用地下排水系统如盲沟、边坡渗沟、泄水洞、仰斜钻孔、集水井、垂直钻孔（滑带下有透水性好的砂卵石地层时）等排除滑坡地下水，提高滑带土力学指标；在特定条件下，也采取刷方减重和在滑坡出口处采用填方反压的措施，根据具体情况分清主次而定。

第四节 岸坡防护可靠性研究对三峡工程的意义

举世瞩目的三峡水利枢纽工程是目前在建的世界上规模最大的水利枢纽，工程建成后坝前水位将抬高 113m，当水库按 175m 水位运行时，库岸总长度为 5 927km。其中岸坡欠稳定段长度：干流 15 段 132.1km，支流 157 段 253km，共占岸线总长度的 6.9%左右。其主要为不同成因的松散堆积（滑坡、崩塌、巫山黄土、崩坡积物、河流阶地沉积等松散堆积物）岸坡，水库蓄水后稳定性较差。另外，三峡水库库区两岸城镇密集，人口众多。初步统计结果表明，城镇库岸段长度达 400km 以上，水库蓄水后库岸的稳定直接关系着库区两岸国家和人民生命财产的安全，关系到社会安定和政治稳定。按三峡水库蓄水计划，2003 年坝前水位高程 139m，2006 年坝前水位 156.4m，在这个阶段库岸相应高程内岩土体经受过历史上江水的作用，基本达到一种动态平衡的状态，岸坡形成相适应的稳定坡形。当坝前水位蓄水至 175m 以后，库水将影响岸坡历史上不受江水影响的地带，最大强度地改造岸坡，塑造适应新环境条件的岸坡形态；同时，三峡工程水库蓄水后，由于受库水长期浸泡，岸坡岩土体力学参数降低。上述情况的产生，其结果将是大面积岸坡再造或局部地段的失稳。因此，开展对三峡水库岸坡特别是城镇岸坡的稳定性研究，并对不稳定岸坡进行防治是十分必要的。

目前三峡的 175m 蓄水影响的岸坡防治工作已经全面启动，但纵观整个库区各库岸段的岸坡防治工程设计原则、方法和提出并实施的防治措施，还主要存在以下几方面的问题。

一、关于水库岸坡治理工程的设计，缺乏现成的标准

三峡库区一、二期水库岸坡防治工程设计，基本上都是借鉴或直接采用了国内各行业部门的标准和规范，但是由于各行业规范在编制过程中考虑问题的侧重点各不相同（如铁路与公路规范就未考虑水的浸泡问题），造成整个水库岸坡设计采用的标准也不相同，由此造成整个库区水库岸坡防治工程的安全可靠度不明确。例如，关于安全标准问题，对于同等级的防治工程，有的规范安全系数 $K=1.05\sim1.15$，有的规范为 1.1，还有的为 $1.3\sim1.5$，等等。

二、设计参数盲目性较大

由于库区水库岸坡防治工作战线较长，参与勘察、设计的单位较多，而且对于水库库岸各种物质组成的岸坡究竟应该如何考虑其蓄水后的力学参数、以及水库调度过程中参数如何变化，如何选取设计参数等，现阶段没有统一的标准，各单位自行其是。例如，对同一个工程区、甚至同一种物质组分的岸坡土体，不同的单位采用不同的设计参数，有的竟相差达 1 倍，其结果是要么造成工程投资浪费，要么使工程存在较大的安全隐患。

三、防治工程可靠性设计研究不深入

由于地质体的复杂性，使岩土工程存在一些不确定的因素，由此产生了岩土工程和岩土工

程设计的可靠性问题。实际上，在设计中，设计人员自觉不自觉地均会对岩土参数的可靠性进行分析和调整，在没有最优化设计理论指导的情况下，为了保证工程的安全和设计者自身的安全，设计者往往无法做到最优化设计(工程极限状态设计)，浪费国家大量资金。

四、稳定分析方法及评价准则不统一

目前对库区水库岸坡稳定分析普遍采用圆弧滑动分析方法，但是，在分析过程中采用什么状态的岩土体参数、水荷载在计算公式中如何取用、对于不同的计算参数和计算荷载采用什么安全标准与之配套进行稳定性评价，各有关部门的认识和观点不统一，导致计算结果相差甚远。

五、水库调度运行对岸坡稳定的影响研究缺乏深度

三峡库区岸坡存在塌岸稳定问题的岸坡段物质组成大部分为松散的冲、洪坡积物、崩滑碎石土和碎块石土，但碎石含量差异较大。对这种土质在库水长期浸泡、水库水位降落及上升过程中力学参数如何变化、地下水运移呈现什么规律、库岸失稳机理、失稳模式和失稳征兆等缺乏深入的研究。

六、防治措施可行性研究不够，存在安全隐患

据已实施的工程情况分析，各库岸段防治工程归纳起来大体有排水、刷方、压脚、支挡和表面防护等，且以支挡较多。但是，在进行支挡方案研究时，如何考虑支挡结构与被支挡体协调受力，在深厚松散体内刚性支挡结构的受力机理如何分析，在受库水涨落影响时锚拉支挡结构中锚杆体受力机理、耐久性等研究均不够。例如，有的工程采用多排小直径变阶桩进行治理，在一定的假设条件下对每根桩的受力进行分配，然后对各桩进行设计，当土体传力(变形)不均匀时，可能造成部分桩体超载，甚至发生断桩事故，并最终导致整体破坏。还有的工程采用水下拉锚结构，但未对锚杆体进行可靠的防腐和防锈蚀处理。所有这些都给治理工程带来了较大的安全隐患。

总的来说，由于地质体材料的不均匀性及复杂性，且因三峡水库水位涨落及大量的人类干扰活动，在水位活动期存在着不同程度的水库滑(边)坡失稳、岸坡侵蚀等问题。在先期的岸坡治理工程活动中，工程界缺乏针对岸坡防护的治理模式及措施研究，其主要表现在：塌岸形成及发生的物化机理、塌岸的范围及发展规律、构成塌岸岩土体介质的物理力学性能、稳定评价方法、防治措施，等等，从而可能造成工程投资的浪费，更可能给工程安全带来隐患。目前，基于可靠度分析理论的边坡稳定分析、处置技术未形成一整套完整的体系，分析过程中采用的随机变量较少。尤其对于三峡工程水库，缺乏岸坡岩土体力学参数、水位变动幅度、地震等多因素的统计分析。因此，基于对三峡工程岸坡分析、总结前期岸坡治理成功的经验与成就，探索三峡库区岸坡的防治可靠性设计、评价岸坡风险性和研究防治新技术，对提高防护工程质量和综合效益，对推动地质灾害防治技术的发展，保护环境，促进当地城镇迁建和经济可持续发展具有重要的现实意义。

第五节 本书的主要内容

地质体材料的不均匀性及复杂性、水库水位涨落以及大量的人类干扰活动，在水位活动期

存在着不同程度的水库滑(边)坡失稳、岸坡侵蚀等问题。在先期的岸坡治理工程活动中,工程界缺乏针对岸坡防护的治理模式及措施研究,其主要表现为:岸坡形成及发生的物化机理、塌岸的范围及发展规律、构成岸坡岩土体介质的物理力学性能、稳定评价方法、防治措施等,从而可能造成工程投资的浪费,更可能给工程安全带来隐患。本书在目前已有的较为成熟的可靠性理论及设计方法的基础上,总结出一套基于可靠度理论的库区岸坡防护的技术措施和技术,其主要内容如下:

(1)在塌岸防治工程设计中的土工参数具有不确定性。这一不确定性源于场地固有的地质条件变异性、评价岩土材料特性的不确定性、估计中的不确定性以及计算分析模型的不确定性 4 个方面。

(2)土工参数的可靠度分析要考虑实测值、导出值的分布形式及其离散性,并根据地质学的、岩土力学的、经验的判断,将异常值剔除并考虑了推定值的误差后,才能最终确定。根据土工参数设计值的确定过程可分为 4 个阶段:实测值→土工参数导出值→土工参数标准值→土工参数设计值。当试验数据较多时,土工参数标准值可按统计方法确定;当试验数据较少时,可按 Schneider 方法经验方法确定。标准值一般要满足 95%的置信水平。

(3)水库岸坡防治工程按重要度可分为不重要、普通、重要和非常重要 4 个等级;岸坡场地地基的复杂程度分为简单、复杂和非常复杂 3 类;根据构造物的重要度和场地地基的复杂程度,可将库区塌岸防治工程类别分成 3 类。可靠性设计要求满足 3 个极限状态(使用极限状态、修复极限状态、最终极限状态)。

(4)塌岸灾害是致灾因子、孕灾环境和承灾体三者相互作用的结果。塌岸灾害危险性、易损性和风险评价可以采用灾害分布图和各因素敏感性指标叠加处理方法,或者采用相关数学模型做出定量评价。

(5)提出了在工程稳定性概率评价中可靠度分析理论的一般表达式,根据状态函数 Z 讨论了破坏概率、可靠度指标和安全系数的表达式;构造了 Monte Carlo 模拟法、中心点法、验算点法和统计矩法等可靠度分析的具体方法,并针对三峡岸坡工程地质条件编制了三峡塌岸体稳定可靠度分析程序,为可靠性设计计算提供了有力的软件支持。

(6)以典型滑坡和岩质岸坡为例,进行了稳定性可靠度的工程实际应用分析,给出了 Monte Carlo 模拟法、中心点法、验算点法和统计矩法等的分析过程和结果,并与传统方法进行了对比。研究表明,在相同土工参数的条件下,几种可靠度分析方法的计算结果比较接近,且与传统方法计算结果具有可比性,但给出的破坏概率使塌岸稳定性分析更趋合理。

(7)对水库岸坡进行治理时应根据岸坡条件选择合适的治理措施。主要工程措施有石笼护坡、干砌石护坡、预制混凝土块护坡、桩墙复合结构护坡和土工网复合植被护坡等。其中,预制混凝土块+土工布护坡、加筋土护坡、格宾网垫护坡新技术,具有反滤性能强、耐久性能好、施工简单、经济等优点,具有很好的推广价值。首次引入介绍的园木面板石笼护坡技术和绿化槽锚固护坡新技术充分利用了天然材料,不仅就地取材,施工简便,适应各种岸坡边坡类型,起到护坡、固坡、稳坡的作用,而且有利于抑制 CO_2 排放量,保护水边生态环境和营造自然,促进经济可持续发展。

第二章　土工参数可靠性分析

第一节　土工参数的可靠性分析方法

一、土工参数不确定性因素分析

岸坡防治工程涉及的岩土体是在漫长的地质历史时期复杂地质作用下自然形成的产物，工程师不能任意选用和控制。岩土体的结构、性质只能通过勘察查明，但又不可能完全查清。在岸坡防治工程设计中，其土工参数是不确定的。这一不确定性的显著程度和变化幅度固有地存在于岩土工程设计和施工过程中。其来源归纳起来主要包括 4 个方面：

(1)与场地地质条件变异性有关的不确定性；

(2)评价岩土材料特性的不确定性；

(3)估计中的不确定性；

(4)与模拟基础结构和地基实际行为的计算分析模型有关的不确定性。

土工参数不确定性也可认为源于：一是土的固有变异性，二是系统不确定性(如试验不确定性、统计不确定性和模型不确定性)两个方面。其中，与地质条件有关的土的固有变异性与土工参数试验的不确定性常常是构成不确定性的主因。

岩土体的天然结构是在其沉积和存在的整个历史过程中形成的。岩土体因其组成、沉积环境和沉积年代不同而形成各色各样很复杂的结构。不同结构类型的岩土体的参数就具有高度的不确定性和离散性。由于土的分类不可能也无需分得那么精细，即使均匀的同类岩土体，由于在其的形成过程中矿物成分、土层深度、应力历史、含水量和密度等因素的变化，各点(处)岩土体的性质可能有较大差别，这种差异是岩土体本身所固有的，由此产生土工参数的固有变异性。岩土体的固有变异性的程度因为是岩土体固有的，故不会随试样的增多和试验技术的提高及仪器改善而降低。

土工参数的"真"值是未知的，它的大小只能通过有限的室内或现场试验的量测或观察去了解，其测值是变化的，而且离散性很大，具有很强的不确定性。同时，岩土试样性质与原状土的性质也往往存在较大差别，即使原位测试所反映的，也是岩土体"点"性质或"线"性质。试验资料已经表明，同一种土，原状土样和重塑土样的力学性质有很大的区别，甚至用不同方法制备的重塑土样，尽管组成一样，密度一样，性质也有所差别，即岩土体不像人工材料具有像结构材料那样确定的工程特性。在外荷载或自重作用下，岩土的行为与许多变量有关，包括边界条件、应力路径、应力历史、加载速度等。试验不确定性由试验偏差和随机量测误差组成，是由于测试或取样、试样的运输和保管对土的扰动以及试验方法和试验技术的差异等原因引起的，使得试验结果与现场土的工程性质不完全一致。试验不确定性可能因技术水平的提高和试验设备的改进而减小。同时，统计不确定性是因试样（试验数量）不充分引起的不确定性。一般来说，统计不确定性的大小会随统计方法的改善和试样数量（样本容量）的增加而减小。分析模型不确定性是因为计算模型不完备，如计算模型有目的地被简化、理想化或因机理尚未了解透彻造成的不确定性。另外，出现在勘察、设计和施工活动中的人为误差和疏忽引起的误差，在设计中很难量化。这些误差通常通过设计和施工质量控制及其保证程序进行处理，以达到最大限度地减小这种误差的目的。

利用可靠性理论可有效地解决工程中的不确定性和相关性，其理论和分析方法已经应用到岩土工程领域，受到国内外岩土工程界的极大重视。我国岩土工程可靠性研究开始于 20 世纪 70 年代，研究工作涉及土性参数、斜坡稳定性、基础工程等领域，取得了大量的研究成果。但在岸坡防治工程土工参数可靠性分析方面，国内外尚无相关报道。

二、相关变量数学处理

当一个变量的值与另一个变量的值是互相影响的，我们就称它们是相关变量。实际中许多状态变量是相关的，如内聚力和内摩擦角。对岩土体而言，一般内聚力越大，内摩擦角越小。

（一）回归曲线的数字解

最小二乘法是常用的确定相关变量回归方程的方法，设变量 X、Y 是两相关变量，则 Y 对 X 的回归线可用下列方程表示：

$$y_{ci} = a_1 x_i + b_1 \tag{2-1}$$

式中：y_{ci}——回归曲线上 $X=x_i$ 时的 Y 值。

a_1、b_1 可由下列方程组求得：

$$\begin{cases} \sum y_i = a_1 \sum x_i + nb_1 \\ \sum x_i y_i = a_1 \sum x_i^2 + b_1 \sum x_i \end{cases} \tag{2-2}$$

其中 n 为样本数。

同样的方法也可以确定 X 对 Y 的回归线方程。

（二）联合概率函数

岩土体参数一般均为离散的数据，对于离散的两相关变量 X、Y，其联合概率函数为联合概率累积函数，其方程可以表示为 $P_{X,Y}(x,y)$，有

$$P_{X,Y}(x,y) = P[(X=x) \cap (Y=y)] \tag{2-3}$$

含义为变量 X 的值为 x，Y 的值为 y 的概率大小。

对于连续的变量，其联合概率函数为联合概率密度函数。变量 X 介于 x_1 和 x_2 之间，变量 Y 介于 y_1 和 y_2 之间的概率，可以用下列方程表示：

$$P[x_1 \leqslant X \leqslant x_2] \cap P[y_1 \leqslant Y \leqslant y_2] = \int_{x_1}^{x_2}\int_{y_1}^{y_2} f(x,y)\,\mathrm{d}x\mathrm{d}y \tag{2-4}$$

（三）协方差

对于样本数为 n 的一个单独随机变量 X，其方差可表示为：

$$\mathrm{Var}(X) = E[(X-m_X)^2] = \sum_{i=1}^{n} \frac{(x_i - m_X)^2}{n} \tag{2-5}$$

设 Z 是两相关随机变量 X、Y 的函数，则 Z 的协方差为：

$$
\begin{aligned}
\mathrm{cov}(Z) &= \mathrm{cov}(X,Y) = E[(X-m_X)] = E[(Y-m_Y)] \\
&= \sum_{i=1}^{n} \frac{(x_i-m_X)(y_i-m_Y)}{n} \\
&= \frac{1}{n}\left[\sum x_i y_i - \frac{\sum x_i \sum y_i}{n}\right]
\end{aligned} \tag{2-6}
$$

（四）线性相关系数

线性相关系数反映两变量是 X、Y 的相关程度，用 r 表示，有

$$
r = \frac{\sum X_i Y_i - \frac{1}{n}\sum X_i \sum Y_i}{\sqrt{\left[\sum X_i^2 - \frac{1}{n}\left(\sum X_i\right)^2\right]\left[\sum Y_i^2 - \frac{1}{n}\left(\sum Y_i\right)^2\right]}} \tag{2-7}
$$

r 在 -1 到 $+1$ 之间，当 $r=0$ 时，表明 X、Y 完全不相关，当 r 为 ± 1 时，表明两变量完全相关，即对于给定的 X 测值，可以从回归曲线到得到的一个 $y(e)$，它必等于测值 y，一般来说：

$|r| \geqslant 0.8$　　X、Y 强相关，可近似看作完全相关

$0.8 > |r| > 0.2$　　X、Y 相关

$|r| \leqslant 0.2$　　X、Y 弱相关，可近似处理为不相关

r 同协方差和方差的关系如下：

$$
r = \frac{\mathrm{cov}(X,Y)}{\sigma_X \cdot \sigma_Y} \tag{2-8}
$$

（五）协方差矩阵

协方差矩阵反映了相关变量之间的关联，设一组相关变量 $X_1, X_2, X_3, \cdots, X_n$，其协方差矩阵 A 为：

$$
A = \begin{array}{c} \\ X_1 \\ X_2 \\ X_3 \\ \vdots \\ X_n \end{array}
\begin{array}{c}
\begin{array}{ccccc} X_1 & X_2 & X_3 & \cdots & X_n \end{array} \\
\begin{bmatrix}
\sigma_{X_1}^2 & \mathrm{cov}(X_1,X_2) & \mathrm{cov}(X_1,X_3) & \cdots & \mathrm{cov}(X_1,X_n) \\
\mathrm{cov}(X_2,X_1) & \sigma_{X_2}^2 & \mathrm{cov}(X_2,X_3) & \cdots & \mathrm{cov}(X_2,X_n) \\
\mathrm{cov}(X_3,X_1) & \mathrm{cov}(X_3,X_2) & \sigma_{X_3}^2 & \cdots & \mathrm{cov}(X_3,X_n) \\
\vdots & \vdots & \vdots & \ddots & \vdots \\
\mathrm{cov}(X_n,X_1) & \mathrm{cov}(X_n,X_2) & \mathrm{cov}(X_n,X_3) & \cdots & \sigma_{X_n}^2
\end{bmatrix}
\end{array} \tag{2-9}
$$

（六）Jacobi 矩阵变换

利用 Jacobi 方法可以把协方差矩阵 A 变换成对角矩阵 B，这里 B 为：

$$
B = T_n^T \cdot T_{n-1}^T \cdots T_3^T \cdot T_2^T \cdot T_1^T \cdot A \cdot T_1 \cdot T_2 \cdot T_3 \cdots T_{n-1} \cdot T_n \tag{2-10}
$$

其中 n 为把所有非对角转化为零需要正交变换的次数。

T_k 为第 k 次正交变换的变换矩阵，其获得方法是：

在经过 $k-1$ 次变换后的矩阵 $Bk-1$ 中，选择除对角线元素以外最大的数 b_{ij} 有公式

$$
\tan 2\theta = \frac{2b_{ij}}{b_{ii} - b_{jj}} \tag{2-11}
$$

将单元阵的 i 行 j 列元素替换为 $-\sin\theta$，j 行 i 列元素替换为 $\sin\theta$，第 i 行和第 j 行对角线替换为 $\cos\theta$，即可得第 k 次变换矩阵 T_k。

第 k 次变换为：

$$B_k = T_k^T \cdot B_{k-1} \cdot T_k \tag{2-12}$$

A 矩阵的归一化模态矩阵 N 为：

$$N = T_1 \cdot T_2 \cdot T_3 \cdots T_{n-1} \cdot T_n \tag{2-13}$$

(七)相关变量的处理

经变换后的不相关变量 $Y_1, Y_2, Y_3, \cdots, Y_n$ 与 $X_1, X_2, X_3, \cdots, X_n$ 的关系为：

$$\begin{Bmatrix} Y_1 \\ Y_2 \\ Y_3 \\ \vdots \\ Y_n \end{Bmatrix} = [N]^T \begin{Bmatrix} X_1 \\ X_2 \\ X_3 \\ \vdots \\ X_n \end{Bmatrix} \tag{2-14}$$

根据上式，可由变量 $X_1, X_2, X_3, \cdots, X_n$ 的希望值，求不相关变量 $Y_1, Y_2, Y_3, \cdots, Y_n$ 的希望值$E[Y_1], E[Y_2], E[Y_3], \cdots, E[Y_n]$。

不相关变量 $Y_1, Y_2, Y_3, \cdots, Y_n$ 的方差，可由协方差矩阵经 Jacobi 正交变换后的对角矩阵 B 求得，有

$$B = \begin{bmatrix} \sigma_{Y_1}^2 & & & & \\ & \sigma_{Y_2}^2 & & & \\ & & \sigma_{Y_3}^2 & & \\ & & & \ddots & \\ & & & & \sigma_{Y_n}^2 \end{bmatrix} \tag{2-15}$$

第二节 岸坡防治工程可靠性设计基本思想

一、岩土工程设计的基本思想

随着科学技术的发展和 ISO 的进程，多样化、高度化的设计计算方法已逐渐成为现实。根据 ISO2394 等的要求，设计规范应满足世界标准构造物设计规范。因此，我国的构造物设计也需适应这一发展趋势。水库库区岸坡的防治工程可靠性设计研究在这种背景下进行，是适应国际形势的发展需要的。

岩土工程设计(geotechnical design)的基本思想可以用图 2-1 来概括。

(一)目的

构造物的目的及其功能要求 REC(要求)是由业主决定的。对于公共、福利构造物，则由行政机构或地方团体制定构造物必须满足的最低限度的功能。在使用寿命期间，对于可能遭遇到的荷载(actions)作用下，设计出来的土工构造物必须保证其构造性能。所谓构造性能，是指与构造物的强度、稳定性、变形性、耐久性相关的规定性能。除此之外，构造物的性能还包括耐火性、隔音性、景观、环境负荷等规定的性能。

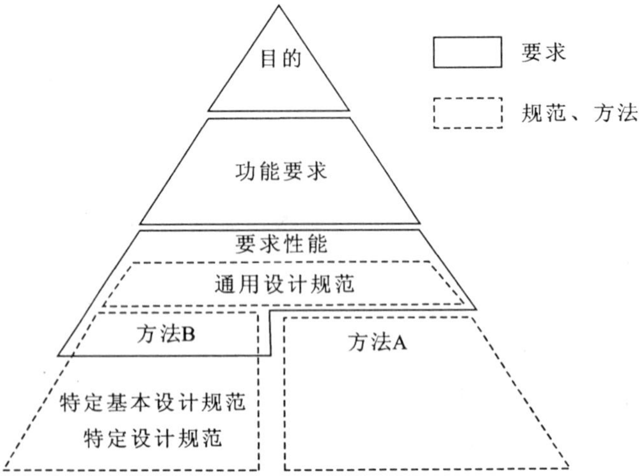

图 2-1 岩土工程设计的基本思想

(二)功能要求

功能要求 REC(要求)根据在使用期间承受载荷的频率,其安全性、可修复性和使用性等构造性能必须满足规定的、恰当的发生概率。安全性,是指对可能遇到的载荷,在使用期间要确保构造物的利用及其周边的人身不产生重大的伤害,设计必须满足足够的安全性。根据业主/所有者的要求、判断和构造物的重要度,对在使用期间发生频率高的载荷,要确保构造物的正常使用性,或者构造物的损坏限制在一定的程度内,满足可修复性。

(三)设计使用寿命

构造物的设计使用寿命由业主/所有者决定。设计使用寿命决定应考虑建设、维修费用,各种极限状态下的安全余地、构造物的劣化、功能寿命等因素。

对于一般构造物而言,土木构造物为 100 年、建筑物为 50 年的设计寿命。

(四)极限状态设计

根据在设计使用寿命中遭遇载荷的频率,构造物的性能要求通常规定了 3 个极限状态。

(1)使用极限状态(Serviceability Limit State, SLS),规定的功能能正常使用所对应的极限状态,即构造物不受损伤,能完全保持、发挥其功能,在通常情况下无任何使用障碍的极限状态。

(2)修复极限状态(Modifiability Limit State, MLS),规定的功能能够修复使用所对应的极限状态。即构造物只受到一定的损伤,能在短期内修复,通过简单、少量(经济的)的修复能够使用的极限状态。也可以解释为,当构造物作为资产来看待时,构造物价值的绝大部分能够保留下来。有时也可以解释为,构造物致灾后,损伤后的构造物仍能承受像救援活动等紧急情况下的使用,损伤程度有限。

(3)最终极限状态(Ultimate Limit State, ULS),规定的功能的安全性所对应的极限状态。即构造物虽然受到了相当大的损伤,但是不至于产生由于破坏而造成生命死亡,不至于产生致命的损伤的极限状态。

(五)荷载种类和荷载组合

荷载可分为永久荷载、可变荷载、偶然荷载和施工荷载等 4 类。

(1)永久荷载是指永久、持续作用的荷载,如自重、固定荷载、土压力、水压力、预加应力、强制位移等。

(2)可变荷载是在设计使用期间,随时间变化但变化具有一定规则的荷载,如车辆荷载、温度变化、地震(频率高)、暴雨(频率高)、波浪、风、雪、冰、构造物的劣化等。

(3)偶然荷载是在设计使用期间没有一定的规律性突然出现,一旦出现,其值很大且持续时间很短的荷载,如地震(频率低)、暴雨(频率低)、撞击、山洪暴发、火灾等。

(4)施工荷载是在施工过程中,或者在修复维修过程中必须考虑的短期荷载。由于施工过程中的构造受力体系与完成状态的构造体系不同,所以应对所有的施工荷载进行分析。

荷载组合可按下列原则进行组合,但可不受其限制:

组合Ⅰ:永久荷载+高频率的可变荷载组合

组合Ⅱ:永久荷载+低频率的可变荷载组合

组合Ⅲ:永久荷载+偶然荷载组合

组合Ⅳ:施工荷载组合

(六)岩土工程类别与性能要求

根据地基破坏造成构造物破坏后果的严重性,如危及人的生命、造成的经济损失、造成社会影响和修复的可能性,构造物的重要度可以分为不重要、普通、重要和非常重要 4 个等级,如表 2-1 所示。

表 2-1　构造物重要度说明表

构造物重要度	说　明
不重要	日常建筑,不甚重要的构造物
普通	社会重要度一般的建筑,对周边安全威胁不大的构造物,如地方线路、非主干道桥梁、低层建筑、一般的事务所等
重要	社会重要度重要的建筑,其安全性对周边影响力大的构造物,如国道、地方干道、铁路桥梁、中层住宅、事务所等
非常重要	对社会非常重要的建筑,其安全性对周边影响巨大的构造物,如核电站、超高层建筑、特大桥梁等

根据 Eurocode Geotechnical design (1997),场地地基的复杂程度分为普通(简单)、复杂和非常复杂 3 类,如表 2-2 所示。

表 2-2　场地地基复杂程度说明表

复杂程度	地质条件	地下水条件	对周边环境危害
普通或简单	地质条件简单,根据以往经验可以进行设计	开挖深度不及地下水位,根据经验不存在安全问题	对周边环境的危害可以不考虑
复杂	通过常规的地质调查可以查明	采用常规的地下水处理措施可以解决	采用标准设计即可解决周边环境的危害
非常复杂	仅用常规的地质调查不能查明	仅用常规的地下水处理措施不能解决	采用标准设计不能解决周边环境的危害

根据构造物的重要度和场地地基的复杂程度，可以将岩土工程类别(Geotechnical Category)分成 3 大类，分别记为 GC1、GC2 和 GC3，如表 2-3 所示。在设计中应对其一一校核设计，取其中最严格的工况。

表 2-3　岩土工程类别

构造物的重要度 / 地基的复杂程度	不重要	普通	重要	非常重要
普通或容易	GC1	GC1/2	GC2	GC3
复杂	GC1	GC2	GC2	GC3
非常复杂	GC2	GC2/3	GC3	GC3

岩土工程类别 GC1，是指构造物的重要度低，且地基的复杂程度为普通(或容易)的岩土工程构造物的设计。

岩土工程类别 GC2，是指构造物的重要度中等，且地基的复杂程度也为复杂的基础构造物，或者构造物的重要度和地基的复杂程度两者当中有一方为重要或复杂、非常复杂的岩土工程构造物的设计。

岩土工程类别 GC3，是指构造物的重要度高，且地基的复杂程度为复杂，或者非常复杂的岩土工程构造物的设计。

在岩土工程构造物的设计当中，设计必须满足在永久荷载、可变荷载、偶然荷载和施工荷载及其组合荷载作用下的使用、修复和最终极限状态。构造物的性能要求可用性能矩阵来方便地表示出来。图 2-2 为荷载组合与构造物的极限状态组成的性能矩阵例子。根据构造物的重要程度，分别给出了它们的使用、修复和最终极限状态。

构造物的损伤程度增大 →

设计状态·荷载组合 ↓

	使用极限状态	修复极限状态	最终极限状态
高频率 小荷载	○△		
中等频率 中等荷载	○△		
低频率 大荷载		○	△

注：○示重要构造物；△示标准构造物

图 2-2　构造物设计的性能矩阵

二、岸坡防治工程设计的基本思想

水库岸坡防治工程的目的及其功能要求 REC 就是要确保水库的正常运营，在可能遭遇到的荷载组合作用下，起到稳坡、固坡作用，发生破坏的概率、变形、破损程度在可接受的范围内，不至于产生因库岸或引发周边库岸失稳破坏而造成人身伤亡，不至于产生因岸坡防治工程造成生态环境的破坏。水库岸坡防治工程应尽量做到与周边景观相协调、和谐。

水库岸坡防治工程的设计使用寿命由业主决定，一般可取设计寿命为100年。

参照岩土工程设计的基本思想，水库库区岸坡防治工程按重要度分为不重要、普通、重要和非常重要4个等级，如表2-4所示。

表2-4　库区岸坡重要度说明表

塌岸重要度	说　　明
不重要	无民居、工厂、良田；远离三峡大坝、村、镇或县城；对道路、桥梁、生命线管道不构成威胁，塌岸对周边基本不产生影响
普通	有少量民居或小规模作坊、少量耕地；对三峡大坝、村、镇或县城不构成威胁；不影响国道、主干道及桥梁、生命线管道的正常运营，塌岸对周边产生的影响力一般
重要	有大量民居、工厂、重要的耕植地；对村、镇或县城的安全性构成威胁；影响国道、主干道及桥梁、生命线管道的正常运营，一旦塌岸对周边产生重要影响
非常重要	威胁集镇、重要工厂或县城的安全性；对三峡大坝、特大桥梁、高压线、航运等构成威胁；一旦塌岸对周边产生巨大影响

参照 Eurocode Geotechnical design (1997)，岸坡场地地基的复杂程度分为简单、复杂和非常复杂3类，如表2-5所示。

表2-5　岸坡场地地基复杂程度说明表

复杂程度	地形、地质条件	水文、地下水条件	对周边环境危害
简单	地形坡度小于等于稳定坡角，地质条件简单，根据以往经验可以进行设计	凹岸，受库水位变动影响小；无甚地表水排泄，降雨、地下水影响小，根据经验不存在安全问题	对周边环境的危害可以不考虑
复杂	通过常规的地质调查可以查明。地形起伏大，沟谷纵横，地质构造复杂，土、软硬岩层相间分布，但有一点规律可循	凸岸，受库水位变动影响；受生活用水、地表水排泄、降雨和地下水影响	威胁周边环境
非常复杂	仅用常规的地质调查不能查明。地形起伏大，沟谷纵横，地质构造非常复杂，土、岩层分布无规律	凸岸，受库水位变动影响大；受生活用水、地表水排泄、降雨和地下水影响显著	严重威胁周边环境

根据构造物的重要度和场地地基的复杂程度，与岩土工程类别一样，一般将库区岸坡防治工程类别分成3大类，分别记为GC1、GC2和GC3，如表2-6所示。

表2-6　库区岸坡防治工程类别

构造物的重要度 / 地基的复杂程度	不重要	普通	重要	非常重要
简单	GC1	GC1/2	GC2	GC3
复杂	GC1	GC2	GC2	GC3
非常复杂	GC2	GC2/3	GC3	GC3

在可靠性设计中，根据水库岸坡防治工程的重要度和塌岸场地地基的复杂程度，要求达到的性能如图 2-3 所示。即：

(1)在高频率、小载荷：自重＋地表荷载＋动荷载＋正常库水位＋5 年一遇暴雨作用下，无论是普通岸坡防治工程还是重要岸坡防治工程都必须满足使用极限状态，岸坡防治工程不受损伤，能完全保持、发挥护岸功能。

(2)在中等频率、中等载荷：自重＋地表荷载＋动荷载＋正常库水位＋50 年一遇暴雨、自重＋地表荷载＋动荷载＋水位变动＋5 年一遇暴雨作用下，普通岸坡防治工程和重要岸坡防治工程应满足使用极限状态，岸坡防治工程不受损伤，能完全保持、发挥护岸功能，保证其护岸效果。

(3)在低频率、大载荷：自重＋地表荷载＋动荷载＋正常库水位＋地震＋5 年一遇暴雨作用下，重要岸坡防治工程只受到一定的损伤，满足修复极限状态，能在短期内修复，通过简单、少量的修复就可恢复护岸功能及护岸效果；普通岸坡防治工程可有相当大的损伤，产生开裂、鼓胀、折断和局部滑塌，但不产生整体滑动危及生命，不产生致命的损伤。

岸坡防治工程的损伤程度增大 →

设计状态·荷载组合 ↓

荷载组合		使用极限状态	修复极限状态	最终极限状态
高频率小荷载	自重+地表荷载+动荷载+正常库水位+5年一遇暴雨	○△		
中等频率中等荷载	自重+地表荷载+动荷载+正常库水位+50年一遇暴雨 自重+地表荷载+动荷载+水位变动+5年一遇暴雨	○△		
低频率大荷载	自重+地表荷载+动荷载+正常库水位+地震+5年一遇暴雨		○	△

注：○示重要岸坡防治工程；△示普通岸坡防治工程

图 2-3　岸坡防治工程可靠性设计的性能矩阵

第三节　土工参数可靠度分析

在岸坡稳定性分析与岸坡防治工程中，岸坡稳定性受岸坡岩土体性质、地质构造、地下水条件、水库运营状况等多因素的控制，不同单元类型岸坡的形成及发生的物化机理、岸坡的范围及发展规律、构成岸坡岩土体介质物理力学性能等具有不确定性和相关性，岸坡防治工程中也涉及到诸多不同程度的不确定性因素，因此，采用可靠性理论来分析、设计合理的岸坡防治工程具有重要意义，值得探索和研究。

土工参数的可靠度分析是在统计学估算理论基础上得到的关于参数母体平均值置信区间的单侧置信界限值。以下就论述土工参数的可靠度分析的流程、估算方法及其变异系数经验值。

一、评价土工参数可靠度的流程

土工参数包括地质模型构成要素的尺寸(如地层厚度、倾斜等)、岩土的物理力学指标(如单位体积重量、变形模量、抗剪强度等)、基础与岩土的力学作用参数(如承载力、地基反力系数等)，可按图 2-4 流程确定土工参数。

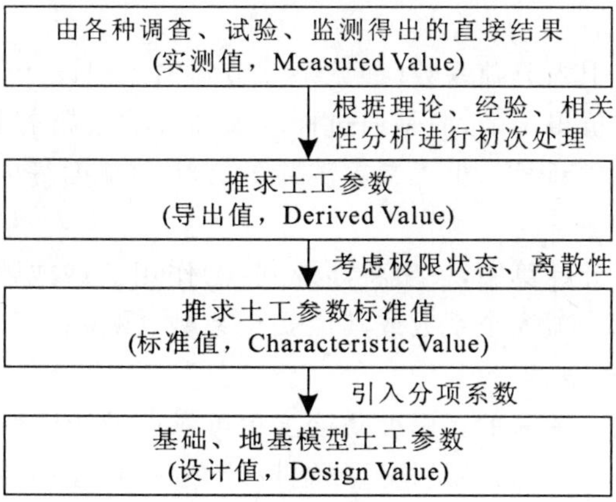

图 2-4　确定土工参数的流程

由图 2-4 可知，地质模型的设计值的确定过程可分为 4 个阶段：实测值→土工参数导出值→土工参数标准值→土工参数设计值。

二、土工参数值

(一)实测值

实测值是由各种调查、试验直接测定的值，如地下水位，标准贯入试验的标贯击数 N 值；三轴压缩试验的压力、位移和应变等。

(二)导出值

导出值是根据理论、经验、相关性分析对实测值进行处理后得出的土工参数值，如根据莫尔圆理论求出三轴压缩试验的内聚力和内摩擦角，根据经验从标贯击数 N 值求出的内摩擦角、变形模量等。

对实测值进行初次处理时，应剔除异常值，并对系统误差进行修正。

在导出值中，有直接从实测值中导出的，也有通过变换实测值导出的。直接导出的土工参数值有单位体积重量、相对密度、抗剪强度、变形模量等。变换导出的土工参数值有从物探、标准贯入试验、固结试验、静力触探试验、旁压试验等试验结果推定的土工参数。

(三)标准值

标准值是在极限状态设计中最能反映并代表基础、地基模型的土工参数值。在确定标准值时，除了根据理论、过去的经验之外，还必须考虑土工参数值的离散性、简化模型的适用性。原则上，标准值等于导出值的数学期望值。当然，标准值并不是机械地、完全等同于导出值的平均值。还必须考虑统计平均值的推定误差，考虑过去地质学、岩土工程学等的知识，参考类似工程经验数据，协调几种不同试验结果之间的差异，通过综合的判断，小心谨慎地求出这一平均值。确定标准值，一般情况下受下列因素的影响：

(1)由于样本数少，不得不假定分布形式；

(2)统计误差受置信区间，如 95%的置信区间的大小影响很大；

(3)与平均值相近的标准值，比 95%置信区间的概率值的误差小，可信度大。

(四)设计值

设计值是在标准值中引入分项系数(参见第三节),输入到设计计算模型中的土工参数值。设计值并不是通过直接评价得出的,而是通过标准值和分项系数求出来的,须考虑塌岸防治工程的重要性、场地的地质复杂程度、土工参数试验的方法和精度等因素。相对而言,确定设计值比确定标准值要困难一些。

在结构物的可靠性设计计算中,一般将涉及到:①作用荷载或强制的位移;②岩土和其他材料的性质,几何尺寸;③分项安全系数或其他安全系数;④位移、裂缝宽度、振动等的极限或可接受的规定值;⑤计算模型。

这些组成部分都是内在关联的。岸坡防治工程可靠性设计计算组成部分如图 2-5 所示。既要考虑诸要素的不确定性,又要满足构造物在设计寿命期间的各种性能要求,其中关键的一条就是安全系数的设定问题。

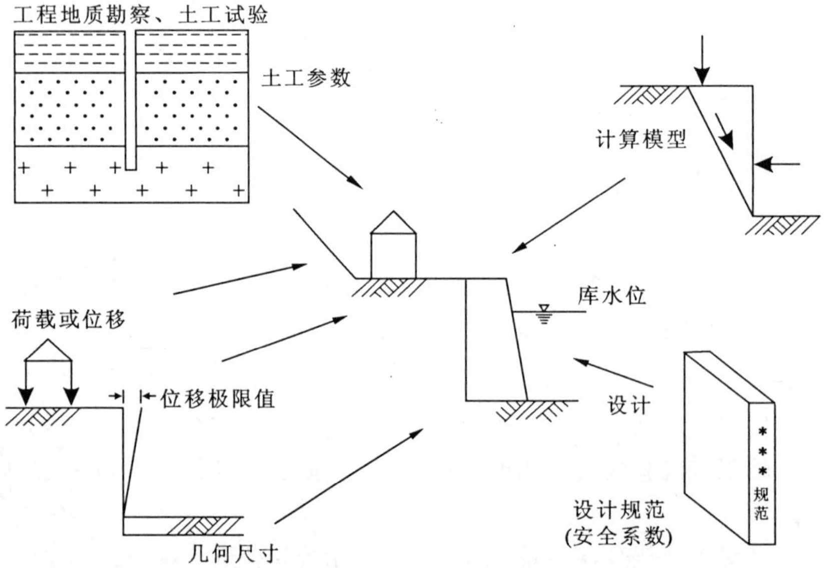

图 2-5　岸坡防治工程可靠性设计计算组成部分

由图 2-5 可知,岸坡防治工程可靠性设计与用工业标准化的钢筋、水泥材料的设计是大不一样的。库岸地基是在地质历史过程中形成的,具有非均质、各向异性,其土工参数容易受采样、试验的扰动影响,因此,必须根据现场的地质调查、试验来确定土工参数。为保证建在任一场地的构造物的极限状态性能的安全性,土工参数标准值的确定应当标准化,并且设计人员对标准值的含义、能否代表场地的特性应有足够的理解和把握。

三、土工参数标准值的确定方法

(一)统计方法

若采用统计方法确定土工参数标准值,应根据导出值的分布形式、离散性,以及根据地质学的、岩土力学的、经验的判断,将异常值剔除并考虑了推定值的误差后,才能计算出算术平均值。

设 X_k 为土工参数标准值,则大于真实平均值 X_m 95%置信水平的标准值为:

$$X_k = X_m(1 - k_n V) \tag{2-16}$$

式中：X_k——标准值；

X_m——数学期望值，真实平均值；

k_n——取决于统计分布形式和样本数 n 的检验结果的系数；

V——变异系数（变化系数），$V=\sigma/X_m$，其中 σ 为标准差（均方差）。

在样本数有限，不能通过统计确定真实平均值 X_m 时，一般采用算术平均值来代替数学期望值 X_m。

W. S. Gossett 研究了根据有限样本得出不同置信水平下的统计值，于 1908 年用 Student 的笔名发表了著名的 t 分布系数。则式（2-16）可改写成：

$$X_k = X_m\left(1 - \frac{tV}{\sqrt{n}}\right) = X_m - \frac{t\sigma}{\sqrt{n}} \tag{2-17}$$

式中：t——t 分布系数。

如果岩土表现为均质各向同性，则就可以取在 95％置信水平 Student t 分布系数来确定土工参数标准值 X_k。

Schneider (1997)给出了表 2-7 所示的土的某些典型参数的变异系数 V 及其推荐值。

表 2-7　Schneider 建议的土工参数的变异系数 V 的典型取值范围

参　数	取值范围	推荐值
有效摩擦系数 $\tan\varphi'$	0.05～0.15	0.10
有效内聚力 c'	0.30～0.50	0.40
不排水剪强度 c_u	0.20～0.40	0.30
压缩系数 m_v	0.20～0.70	0.40
重度 γ	0.01～0.10	0

变异系数 V 是一个无量纲量，在国际上是一个通用指标，使用比较方便。Ingles 建议的变异系数 V 及其推荐值如表 2-8 所示，我国的建议值如表 2-9 所示。

表 2-8　Ingles 建议的土工参数的变异系数 V

参　　数	取值范围	推荐值
内摩擦角（砂土）	0.05～0.15	0.10
内摩擦角（粘性土）	0.12～0.56	0.10
内聚力（不排水）	0.20～0.50	0.30
压缩性	0.18～0.73	0.30
固结系数	0.25～1.00	0.50
弹性模量	0.02～0.42	0.30
液限	0.02～0.48	0.10
塑限	0.09～0.29	0.10
标准贯入击数	0.27～0.85	0.30
无侧限抗压强度	0.06～1.00	0.40
孔隙比	0.13～0.42	0.25
重度	0.01～0.10	0.03
粘粒含量	0.09～0.70	0.25

表 2-9　我国建议的土工参数的变异系数 V 取值范围

地区	土　类	摩擦角 φ	内聚力 c	压缩模量 E_s	重度 γ
上海	淤泥质粘土	0.206～0.308	0.049～0.089	0.044～0.213	0.017～0.020
	淤泥质亚粘土	0.197～0.424	0.162～0.245	0.166～0.178	0.019～0.023
	暗绿色亚粘土	0.097～0.268	0.333～0.646		0.015～0.031
江苏	粘土	0.164～0.370	0.156～0.290	0.177～0.257	0.005～0.033
	亚粘土	0.100～0.360	0.160～0.550	0.122～0.300	0.014～0.030
安徽	粘土	0.140～0.168	0.280～0.300	0.170～0.500	0.020～0.034
河南	粘土			0.166～0.469	0.015～0.018
	亚粘土			0.209～0.417	0.017～0.044

由于岩土体的组成、结构、力学效应是变化的、不均匀的、各向异性的，因此具有显著的随机性，诸参数具有固有的空间变化性。即使对同一组粘土试样，在同一实验室、同一试验仪器、同一试验条件下测定抗剪强度，结果也有一定离散，其中摩擦角值可能离散±25%，内聚力 c 值可能离散±50%，给定正应力的抗剪强值变化约±30%。这些说明参数具有变异性。据徐建平等(1999)研究，红砂弹性模量和泊松比的变异系数为 0.25，抗压强度和抗拉强度的变异系数为 0.089 和 0.104，内聚力和摩擦角的变异系数分别为 0.317 和 0.171；泥质软弱层内聚力和摩擦角的变异系数分别为 0.384 和 0.297。

在试验数据很少的情况下，以上一些土工参数的变异系数 V 取值范围，可供我们参考使用。

(二)Schneider 方法(Schneider's Method)

在考虑了推定误差，统计平均值可由公式(2-16)或式(2-17)计算得出。但是，对于塌岸防治工程而言，一般试验的样本数量非常有限，在通常情况下，试验数据样本小于 10 个。此时，运用 Student t 分布系数来确定土工参数标准值 X_k 就会遇到问题。原因是，随着样本数目 n 的减少，t 分布系数急剧增大，而比值 $t/\sqrt{n}$ 的增大就更快。其结果是，运用纯数学的统计方法得出的土工参数标准值太小，也就是说，参数太保守，设计太不经济。

Schneider(1997)通过计算结果的比较得出，当取 $k_n=0.5$ 时，能得出土工参数标准值 X_k 的满意估算。即土工参数标准值 X_k 与平均值相比，小半个标准方差，用公式可表示为：

$$X_k = X_m(1-k_nV) = X_m - 0.5\sigma \tag{2-18}$$

(三)土工参数标准值 X_k 计算实例

0～10m 地层为均质砂土，10 个三轴压缩试验得出的有效内摩擦角 φ' 分别为 33.0°、35.0°、33.5°、32.5°、37.5°、34.5°、36.0°、31.5°、37.0°、33.5°，如图 2-6 所示。

对试验结果进行统计得出，有效内摩擦角 φ' 的平均值、方差分别为 $\varphi'_{av}=34.4°$，$\sigma=1.97°$；变异系数 $V=\sigma/X_m=0.057$。对于样本数为 10、置信水平为 95%的 Student t 分布系数 $t=2.26$。设 $\varphi'_{av}=\varphi'_m$，则由公式(2-17)可得有效内摩擦角标准值 φ'_k 为：

$$\varphi'_k=\varphi'_m-\frac{t\sigma}{\sqrt{n}}=34.4-\frac{2.26\times1.97}{\sqrt{10}}=33.0°$$

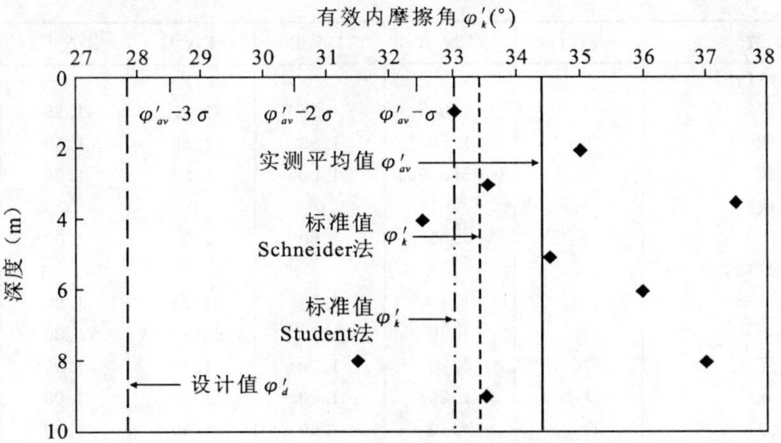

图 2-6　有效内摩擦角标准值 φ_k'

又根据 Schneider 方法，有效内摩擦角标准值 φ_k' 为：

$$\varphi_k' = \varphi_m' - 0.5\sigma = 34.4 - 0.5 \times 1.97 = 33.4°$$

在本例中，由 Schneider 方法计算得出的有效内摩擦角标准值 φ_k' 比统计方法得出的标准值 φ_k' 大 0.4°。如果样本数量小于 10 的话，两者之差还要增大。为了便于比较，图 2-6 中也给出了比平均值小 1σ、2σ 和 3σ 的值。

四、土工参数设计值的确定方法

(一)土工参数设计值(Design Values of Ground Properties)

土工参数设计值可以按下式计算得出，即

$$X_d = X_k / \gamma_m \tag{2-19}$$

式中：X_d——土工参数设计值；

X_k——土工参数标准值；

γ_m——材料性质分项安全系数，可取表 2-10、表 2-11 规定值，或者通过直接评价给出。

同时，土工参数设计值也可以通过直接评价的方法得到。此时，表 2-10、表 2-11 规定的材料性质分项安全系数可以认为是一个参考值。

表 2-10　设计工况和最终极限状态分项安全系数

工　况	荷　载			土工参数			
	永久		可变	$\tan\varphi'$	c'	c_u	q_u
	不利	有利	不利				
工况 A	1.00	0.95	1.50	1.1	1.3	1.2	1.2
工况 B	1.35	1.00	1.50	1.0	1.0	1.0	1.0
工况 C	1.00	1.00	1.30	1.25	1.6	1.4	1.4

注：q_u 为岩土的单抗压强度

表 2-11　设计工况和最终极限状态分项安全系数

参数	系数	工况 A	工况 B	工况 C	工况 C2	工况 C3
分项荷载系数(γ_F)						
永久不利荷载	γ_G	1.00	1.35	1.00	1.35	1.00
可变不利荷载	γ_Q	1.50	1.50	1.30	1.50	1.20
永久有利荷载	γ_G	0.95(0.90)	1.00	1.00	1.00	1.00
可变有利荷载	γ_Q	0	0	0	0	0
偶然荷载	γ_A	1.00	1.00	1.00	1.00	1.00
分项材料系数(γ_m)						
$\tan\varphi'$	$\gamma_{\tan\varphi'}$	1.10	1.00	1.25	1.00	1.20
有效内聚力 c'	$\gamma_{c'}$	1.30	1.00	1.60(1.25)	1.00	1.20
不排水剪强度 c_u	γ_{c_u}	1.20	1.00	1.40	1.00	1.40
单抗压强度 q_u	γ_{q_u}	1.20	1.00	1.40	1.00	1.40
旁压极限压力 $p_{\lim}$	$\gamma_{P_{\lim}}$	1.40	1.00	1.40	1.00	1.40
静力触探阻力	γ_{CPT}	1.40	1.00	1.40	1.00	1.40
重度 γ	γ_g	1.00	1.00	1.00	1.00	1.00
分项抗力系数(γ_R)						
承载力	γ_{Rv}	—*	1.00	1.00	1.40	1.00
抗滑力	γ_{Rs}	—*	1.00	1.00	1.10	1.00
土压力	γ_{Re}	—*	1.00	1.00	1.40	1.00
桩端承载力	γ_b	—*	1.00	1.30	1.30	1.00
桩周摩擦力	γ_s	—*	1.00	1.30	1.30	1.00
总桩的承载力	γ_t	—*	1.00	1.30	1.30	1.00
桩的抗拉拔力	γ_{st}	1.40	1.00	1.60	1.40	1.00
锚杆抗拉拔力	γ_A	1.30	1.00	1.50	1.20	1.00
分项荷载效果和抵抗模型系数(γ_E, γ_{sd}, γ_{rd})						
荷载效果和抵抗	γ_{sd}, γ_{rd}	1.00	1.00	1.00	1.00	1.40

注：—*表示分项系数与工况 A 无关

需要指出的是，公式(2-19)计算得出的土工参数设计值是针对最终极限状态(ULS)而言的。对于使用极限状态(SLS)土工参数设计值就等于土工参数标准值，也就是说，材料性质分项安全系数 $\gamma_m=1.0$。

(二)分项安全系数(Partial Factors)

Meyerhof 提出了划分变异系数等级的方案，并根据等级建立了各类设计参数的分项安全系数的数值。Eurocode 7 ENV (1997)提出了最终极限状态设计的分项安全系数，如表 2-10 所示。荷载分为永久不利荷载、永久有利荷载和可变荷载，设计工况分为 A、B 和 C 3 种工况。

Trevor L. L. Orr 和 Eric R. Farrell (1999)在工况 B、工况 C 中增加了工况 C2 和工况 C3，并对荷载、材料、抵抗及荷载效果和抵抗模型进行了补充，增加了分项系数，使之更加全面，如表 2-11 所示。

(三)土工参数设计值 X_d 计算实例

如上土工参数标准值 X_k 计算实例，计算工况 C 内摩擦角的设计值。由表 2-10 可知，工况 C 的分项安全系数为 1.25，又根据 Schneider 方法计算得出的有效内摩擦角标准值 φ'_k=33.4°，则根据公式(2-19)有

对于工况 C，$X_d = X_k / \gamma_m = 33.4/1.25 = 27.8°$

此内摩擦角的设计值 X_d 也绘于图 2－6 中。由图可见，本设计值比($\varphi'_{av} - 3\sigma$)值略小。

第四节　可靠度分析模型的建立及集成外延

一、设计方法

(一)设计计算构成要素

岸坡防治工程可靠性设计计算包含的要素有：①设计计算模型；②荷载及其组合；③库区岸坡的各土工参数特征、量值范围、特征值和设计值。设计计算模型，应尽量忠实地反映、再现各设计极限状态的基础构造物的习性。同时，建模还应考虑地质调查、土工试验的精度、稳定性和变形等情况。由于设计对象的复杂性，由模型计算得出的预测值经常带有一定程度的偏差。因此，在设计时，应把握计算误差和预测精度的不确定性，确保岸坡防治工程可靠性设计计算的安全余地。

(二)设计方法(Approach)

岸坡防治工程可靠性设计，可以通过方法 A 或者方法 B 进行设计、校核(参见图 2－1)。

1. 设计方法 A

设计方法 A 虽然对设计、校核的方法没有作具体限制，但设计人员必须证明设计的构造物的性能要求能够满足规定的某一恰当的概率，并提供其设计能满足国家的、区域的或地方的设计原则规定的条款的证明。设计方法 A 对设计者而言，岸坡防治工程可靠性设计的自由度较大。

设计人员将可靠度设计报告提交给由主管行政机关或地方公共团体指定的审查机关，并接受审查。审查机关组织各专业审查委员会，由专业审查委员会审查性能设计的合理性。专业审查委员会的委员应确保过半数的委员具有专门机构认定的专业技术资格。审查意见在使用期间应一直保留，并且除有关机密外予以公开。

2. 设计方法 B

设计方法 B 是根据行政机关/地方公共团体/业主指定的设计规范、规程进行性能设计和校核的，可采用计算、加载试验、模型试验、监测、情报化施工等方法中的一种或者几种方法的组合进行各极限状态设计。为确保设计的各极限状态具有安全余地，对岸坡防治工程的各种不确定性因素，采用分项安全系数设计法进行设计校核。

如果岸坡防治工程分类为 GC2 或 GC3，原则上采用计算方法进行设计。如果计算模型当中不确定性因素很高，则可采用加载试验、模型试验等有效的校核方法进行验证、校核。

(三)分项安全系数设计法

分项安全系数设计法是针对作用在构造物上的各种荷载、土工参数、构造物的尺寸、设计计算模型的精度、以及极限状态的校核标准值等的不确定性，通过分项安全系数的方法来满足、确保构造物的设计极限状态具有适当概率的安全余地的一种设计方法。

关于分项安全系数值，可按下列方法确定。

(1)根据造成社会上其他的风险(如交通事故造成的死亡概率)，考虑社会背景风险能够接受的程度来确定分项安全系数值。

(2)构造物的初期建设费用与期望破坏费用(破坏后的破坏费用乘以破坏概率)之和等于期望总费用。通过期望总费用最小化方法来确定根据造成社会上其他的风险(如交通事故造成的死亡概率),考虑社会背景风险能够接受的程度来确定分项安全系数值。

(3)根据类似构造物、已有设计规范设计的构造物、具有同等程度的极限状态安全余地的方法来确定分项安全系数值。此方法又称校正法。

由于历史、地区原因,对不确定性把握的认识、思考方式的不同,分项安全系数设计法中可以分为材料系数方法和抗力系数方法。

(1)材料系数方法(Material Factor Design, MFD)。在各荷载标准值、土工参数标准值中引入分项系数,求出它们的设计值,将这些设计值代入到设计模型中,求出构造物的荷载分布、反应和承载力,由此进行极限状态设计的分项系数方法。

(2)抗力系数方法(Resistance Factor Design, RFD)。将各荷载标准值、土工参数标准值直接代入到设计模型中,求出构造物的荷载分布、反应和承载力的标准值,再在求出的标准值中引入分项系数而进行极限状态设计的分项系数方法。

目前,对材料系数方法和抗力系数方法尚存在较多的争论。其中,抗力系数方法与北美的荷载抗力系数方法(Load Resistance Factor Design, LRFD)类似。有意见认为,从基础构造物的设计计算模型的预测精度考虑,抗力系数方法较好。

二、设计工况

(一)影响结构设计的因素

影响岸坡防治工程可靠性设计计算的因素是很多的。表 2-12 概括出了影响结构设计复杂程度的因素。主要有结构的性质和尺寸、周围环境、地质条件、地下水状况、区域地震和环境影响(如水文气象、地表水、地面沉降、湿度季节性变化)6 个方面。

表 2-12 影响岸坡防治工程可靠性设计复杂程度的因素

	影响设计复杂程度的因素	考查情况
1	结构的性质和尺寸	
2	周围环境,如临近建筑物、设施、交通等	
3	地质条件	
4	地下水状况	
5	区域地震	
6	环境影响,如水文气象、地表水、地面沉降、湿度季节性变化等	

为保证岸坡防治工程达到正常工作功能,在进行结构设计时,必须考虑上述的影响因素。在某些场合下,某一或几种荷载起主要作用,而其他荷载影响不大或者部分影响。因此,必须考虑多种荷载的工况。

（二）设计工况（Design Situations）

对于岩土工程设计，Eurocode 1 ENV（1991）将结构物设计工况分为：

（1）正常工况，在正常使用条件下的工况；

（2）施工工况，在施工或修复条件下的工况；

（3）偶然工况，在意外条件下的工况，如火灾、碰撞、爆炸、洪水等；

（4）地震工况，在地震条件下的工况。

之后，Eurocode ENV（1997）将设计工况分为 A、B 和 C 3 种工况。之后，Trevor L. L. Orr 和 Eric R. Farrell（1999）在工况 B 和工况 C 中又增加了工况 C2 和工况 C3。

工况 A（Case A）主要处理不利可变荷载、有利永久荷载，且结构的强度和地基不甚重要情况下的不确定性工况。它针对诸如由浮托力、水力破坏、结构倾覆等引起的位移问题来设计、校核土工的尺寸（规模）和结构。工况 A 主要取决于自重的极限平衡，与土的强度关系不大，浮托力为重要荷载，在设计中起控制性作用。

工况 B（Case B）主要处理荷载的不确定性工况，荷载的分项系数通常大于 1，而不受地基的影响。它针对荷载的不利组合来设计、校核土工的尺寸（规模）和结构，而土工参数就等于其特征值。工况 B 属于材料系数方法（MFA），对基础、挡墙等的结构设计往往成为关键性工况，而对边坡等非结构性强度的设计关系不大。

工况 C（Case C）主要处理材料性质的不确定性工况，一般属于材料系数方法，土工参数的分项系数大于 1。但是，对于桩、锚杆材料系数则等于 1.0，而抵抗系数大于 1。所以，对于桩、锚杆设计，则属于抵抗系数方法。

工况 C 针对不利的土工参数或者抗力的不确定性，而永久荷载等于其特征值，可变荷载增大但小于工况 B 的系数。工况 C 通常在基础的尺寸、挡墙的基础埋深设计上起决定作用。对于只涉及土工参数的工程，如边坡的稳定性问题，则只与工况 C 相关。但是，在某些情况下，如受水压而造成高度偏心荷载的基础和挡墙，则可能与工况 B 而不是与工况 C 相关。

工况 C2（Case C2）和工况 C3（Case C3）如上所述，除桩、锚杆设计为抗力系数方法外，其余设计均为材料系数方法。这样一来，对扩大基础、挡土结构就不好采用材料系数方法进行设计。为弥补这一不足，引入了工况 C2 和工况 C3 作为工况 B 和工况 C 的一种变通选择。

工况 C2 的分项系数如表 2－11 所示，抗力系数 $\gamma_R>1.0$ 而材料系数 $\gamma_m=1.0$，属于抗力系数方法。

工况 C3 的分项系数则为，材料系数 $\gamma_m>1.0$ 而抵抗系数 $\gamma_R=1.0$，属于材料系数方法。其中，材料系数 γ_m 与工况 C 的值基本相同，但荷载系数不同，并引入了一个抵抗模型系数 γ_{rd}。

为保证岸坡防治工程达到正常工作功能，在进行结构设计时，必须考虑表 2－12 所示的影响因素。在某些场合下，某一或几种荷载起主要作用，而其他荷载影响不大或者部分影响。因此，必须考虑多种荷载的工况。选择足够多的工况进行设计，以确保设计涵盖各种可能遇到的荷载或条件。

建议岸坡防治工程可靠性设计工况为：

（1）在高频率、小荷载：自重＋地表荷载＋动荷载＋正常库水位＋5 年一遇暴雨；

（2）在中等频率、中等荷载：自重＋地表荷载＋动荷载＋正常库水位＋50 年一遇暴雨；自重＋地表荷载＋动荷载＋水位变动＋5 年一遇暴雨；

（3）在低频率、大荷载：自重＋地表荷载＋动荷载＋正常库水位＋地震＋5 年一遇暴雨。

三、可靠性设计计算

(一)极限状态设计计算(ULS Calculations)

在极限状态设计(ULS)中,为保证岸坡防治工程的破坏是在一可接受的危险度范围内,设计计算涉及到两个分项安全系数集。一个分项安全系数集是增加荷载或荷载效应以得出ULS设计作用效应(design load effect)E_d;另一个分项安全系数集是降低地基土的强度参数或抗力以得出ULS设计抗力(design resistance)E_d。为确保在极限状态下破坏的出现概率足够小,则必须满足:

$$E_d \leqslant R_d \tag{2-20}$$

设计作用效应 E_d 和设计抗力 E_d 可用材料系数方法或抗力系数方法确定。

(二)极限状态设计荷载(作用)效应(ULS design load effect)

可采用材料系数方法(MFD)确定极限状态设计荷载(作用)效应 E_d 时,即

$$E_d = E(F_d, X_d, a_d) = E(\gamma_F F_k, X_k/\gamma_m, a_k \pm \Delta_a) \tag{2-21}$$

可见,E_d 是一个关于作用力、地基材料性质和几何参数设计值的作用效应函数。当几何参数效应不重要时,可设 $\Delta_a=0$,只考虑分项安全系数 γ_F 和 γ_m。式(2-20)中 E_d 可简化成:

$$E_d = E(\gamma_F F_k, X_k/\gamma_m, a_k) \tag{2-22}$$

当采用抗力系数方法确定极限状态设计荷载(作用)效应 E_d 时,有

$$E_d = \gamma_E E(F_k, X_k, a_k) \tag{2-23}$$

式中:γ_E——作用效应分项系数;

F_k, X_k, a_k——作用力、土工参数和几何参数的标准值。

(三)极限状态设计抗力(ULS design resistance)

当采用材料系数方法(MFD)确定极限状态设计抗力 E_d 时,有

$$R_d = R(F_d, X_d, a_d) = R(\gamma_F F_k, X_k/\gamma_m, a_k \pm \Delta_a) \tag{2-24}$$

即 E_d 是一个作用力、地基材料性质和几何参数设计值的抗力效应函数。同样地,当几何参数效应不重要时,可设 $\Delta_a=0$,只考虑分项安全系数 γ_F 和 γ_m。式(2-23)中 E_d 可简化成

$$R_d = R(\gamma_F F_k, X_k/\gamma_m, a_k) \tag{2-25}$$

当采用抵抗系数方法确定极限状态设计抗力 E_d 时,有

$$R_d = R(F_k, X_k, a_k)/\gamma_R \tag{2-26}$$

式中:γ_R——抗力分项系数;

F_k, X_k, a_k——作用力、土工参数和几何参数的标准值。

第三章　塌岸危险性风险评估

水库岸坡塌岸是在一定的地质环境中，由于地质条件的改变或人类工程活动的影响而引起的一种工程地质现象，水库岸坡塌岸灾害是指由于水库岸坡塌岸而引起的灾害。水库岸坡塌岸灾害赋存于一定的地质环境和社会经济环境，具有相应的自然属性和社会经济属性。塌岸灾害风险研究就是从水库岸坡塌岸灾害的自然属性和社会经济属性出发进行的一项综合研究，其研究思路如图 3-1 所示。水库岸坡塌岸风险是指水库岸坡塌岸灾害活动及其破坏损失的可能性。塌岸灾害风险程度主要取决于两方面因素：塌岸灾害发生条件与活动强度——发生条件越充分，塌岸发生机率越高、活动规模越大，灾害的风险程度越高；塌岸灾害受灾体的脆弱性或承灾区社会经济易损性——受灾体数量越多，价值越高，评价区社会经济越脆弱，防灾、抗灾能力越差，灾害的风险程度越高。

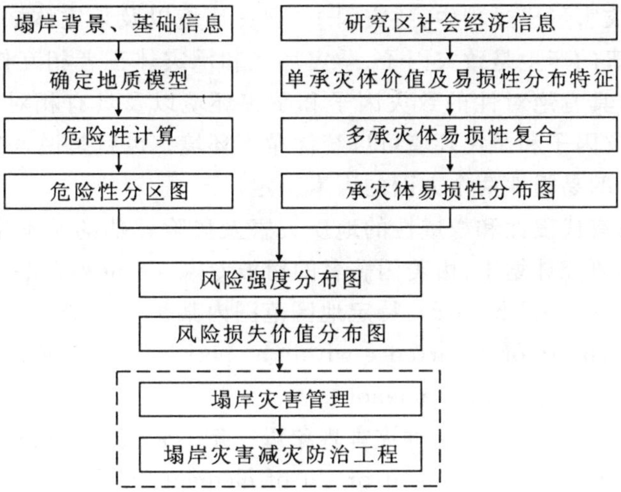

图 3-1　塌岸灾害风险研究思路

塌岸灾害风险评价及风险管理是减轻灾害损失的非工程性重要措施，其研究成果具有广泛的应用价值，主要体现在以下几个方面：

(1)为区域发展及中长远规划提供基础背景资料。根据塌岸灾害风险评价分析结果，特别是区域性评价结果，可划分受塌岸灾害威胁的高风险区、中风险区以及低风险区，在项目规划、环境保护等方面，可充分考虑受塌岸灾害的威胁程度。

(2)为评价建设工程的适宜性以及基础设施布设提供依据。在有塌岸灾害威胁存在的地区，塌岸灾害风险评价分析结果可为重点工程建设选址和方案优化提供经济效益分析依据。

(3)为受塌岸灾害威胁的地区制定应急措施以及为保障生命及财产安全提供工作基础。

根据塌岸灾害风险评价和灾害风险的认识，可指导、制定受灾区的灾害防避、抢救等应急措施，建立科学有效的预警系统，从而最大限度地减轻灾害，保证生命安全，减少经济损失。

(4)直接为科学而经济地组织实施防灾减灾工程服务。塌岸灾害评价分析的直接结果是预测不同条件下可能产生的灾害损失，根据评价结果，可充分论证防灾减灾工程的合理性和有效性。

(5)为灾害保险及发生次生灾害的可能性及损失提供参考依据。通过风险评价，了解塌岸灾害的危险程度及危害性，可为灾害的风险分析及投保比的确定等提供直接依据。

第一节　危险性风险评估方法及理论基础

目前国内外专家、学者对灾害理论的研究主要包括 4 种基本观点：致灾因子论、孕灾环境论、承灾体论和区域灾害系统论。致灾因子论认为，灾害的形成是致灾因子对承灾体作用的结果，没有致灾因子就没有灾害。孕灾环境论认为，近年灾害频繁发生，损失剧增，其原因与区域及全球环境变化有密切关系，其中最为主要的是气候与地表覆盖的变化以及物质文化环境的变化。承灾体论认为承灾体是人类及其活动所在的社会与各种资源的集合，是各种致灾因子作用的对象，没有承灾体就没有灾害。区域灾害系统论认为，致灾因子、孕灾环境与承灾体的相互作用都对最终灾情的时空分布、程度大小造成影响，灾害形成就是承灾体不能适应或调整环境变化的结果，在灾害形成过程中，致灾因子、孕灾环境以及承灾体缺一不可。综合上述各种观点，我们认为灾害的产生是致灾因子、孕灾环境和承灾体三者相互作用的结果，三者缺一不可。灾害的产生是具有绝对性的致灾因子和孕灾环境以及具有相对性的承灾体两部分组成。为方便起见，致灾因子和孕灾环境可以统称孕灾环境。也就是说，灾害的产生是由致灾环境的危险性和承灾体的易损性两个方面的因素决定。

目前国际上最具有代表性和权威性的地质灾害及风险评估的基本术语是 1984 年在联合国教科文组织的一项研究计划中，由美国著名的滑坡专家 Varnes 提出的：

(1)自然灾害 H(Natural hazard)：特定地区范围内某种潜在的灾害现象在一定的时间内发生的概率(the probability of occurrence within a specific period of time and within a given area of a potentially damaging phenomenon)；

(2)易损性 V(Vulnerability)：某种灾害现象以一定的强度发生而对受威胁对象所造成的损失程度(the degree of a given element or set of elements at risk resulting from the occurrence of a natural phenomenon of a given magnitude)，易损性可以用 0～1 来表示，0 表示无损、1 表示完全损失；

(3)威胁对象 E(Element at risk)：给定区域内受灾害威胁的对象，包括人口、财产、经济活动、公共设施等等(the population properties, economic activities, including public service, etc., at risk in a given area)；

(4)专门风险 R_s(Specific risk)：某种特定灾害现象可能造成的损失，(the expected degree of loss due to a particular natural phenomenon)，它等于 H 与 V 的乘积；

(5)总风险 R_t(Total risk)：某种特定的灾害现象对生命、财产、经济活动等等所可能造成的损失(the expected number of lives lost, persons injured, damage to property, or disruption of economic activities due to a particular natural phenomenon, and is therefore the product of

Specific Risk and elements at risk)，它等于 R_s 与 E 的乘积。即

$$R_s = H \times V$$

$$R_t = E \times R_s = E \times H \times V$$

在塌岸灾害风险预测中 H 代表的是塌岸灾害的危险性，表示特定地区范围内塌岸灾害现象在一定时期内发生的概率，即通常所谓的岸坡的破坏概率。其中塌岸发生空间位置的可能性由诱因和敏感性因素中的相对静态因素决定，如侵蚀、岩性分布、构造等。而在一定时间段内发生的可能性则由塌岸发生的触发因素（动态因素）决定，如降雨、地震、人类工程活动等。V 代表的是塌岸灾害承灾体的易损性，表示在一定强度的塌岸地质灾害发生条件下，承灾体可能遭受的损失程度，即承灾体的损失条件概率，易损性可以用 0～1 来表示，0 表示无损失，1 表示完全损失；E 代表的是特定区域内塌岸灾害的承灾体的全体，包括人口、财产、经济活动、公共设施、土地、资源、环境等等。易损性的大小与塌岸发生的强度及特定的承灾体的类型及性质特点有关。其中灾害现象的强度对于地震灾害是比较明确的，而对于塌岸灾害则不然，这给易损性的确定带来了一定的影响。R_s 代表的是塌岸灾害的风险强度，表示在一定时期内，承灾体所可能受到塌岸灾害而造成的损失程度即损失概率。风险强度等于危险性与易损性的乘积，风险强度的值介于 0～1 之间。R_t 代表的是塌岸灾害的总风险，表示在一定时期内，特定地区范围内塌岸灾害所造成的承灾体总体损失期望，风险等于危险性、易损性、承灾体价值三者的乘积。

风险发生的不确定性决定了风险所致损失发生的不确定性，风险发生的概率越大，损失出现的概率也越大，反之亦然。风险通过损失表现出来，其大小可通过所致损失的概率分布特性来描述。由此可知，风险是一个具有极其深刻而又有广泛意义的概念。图 3－2 显示了风险的产生过程。

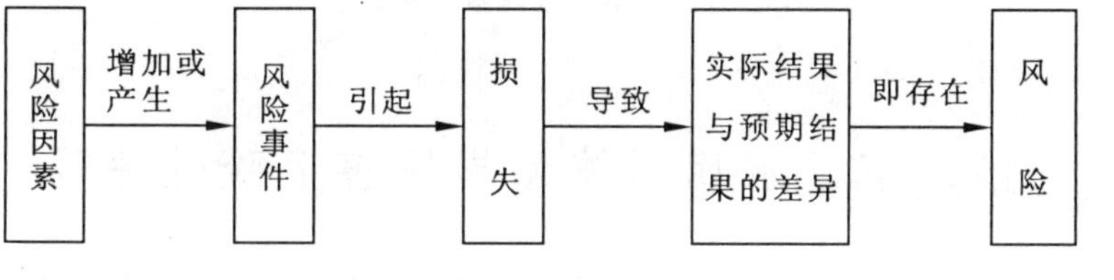

图 3－2　风险产生的过程

风险的大小除了可用风险强度和风险损失进行定量评价以外，还可以采用定性划分等级的方法对风险程度进行描述，如用评价判别矩阵（图 3－3）的方法获得风险等级。

塌岸的产生是由不确定性因素决定的，塌岸灾害风险是伴随着人类的工程活动而存在的，塌岸的发生直接危及生命和财产安全，这就构成塌岸灾害风险。塌岸灾害风险分析就是对塌岸灾害进行风险识别、风险估计、风险评价，并在此基础上优化组合各种风险管理技术，做出风险决策。对塌岸灾害风险实施有效的控制和处理风险所致损失的后果，期望以最少的成本获得最大的安全保障。由于风险具有动态性，对风险的认识水平和风险管理技术处在不断完善的过程中，因此，塌岸灾害风险分析是一个动态过程。塌岸灾害风险分析是一项综合性的研究工作，它通过多专业的研究配合，才能形成一个完整的体系，如图 3－4 所示。

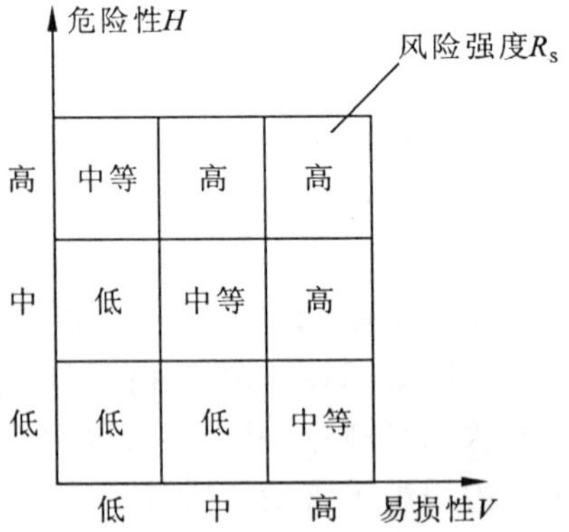

图 3－3　塌岸风险评判矩阵

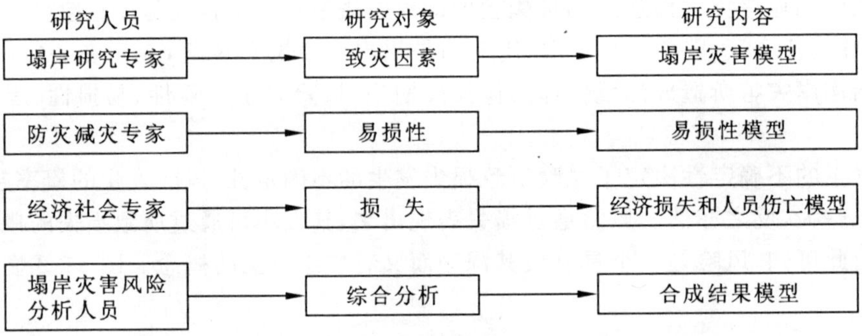

图 3－4　塌岸灾害风险分析组合原理

第二节　水库岸坡塌岸灾害危险性评价

水库岸坡塌岸灾害危险性评价是风险评估的基础，其主要内容是评价塌岸灾害的活动程度，反映塌岸灾害的破坏能力。不同范围塌岸灾害风险评估的精度要求不同，指示塌岸灾害活动程度的要素不同，所以评价的内容也不完全一致。场地评估主要是对潜在塌岸体或已经出现的塌岸灾害现象预期危险性进行分析评价。它要求给出今后塌岸发生或进一步发展的概率有多大，可能的规模和危害范围有多大，在危害范围内灾害活动的程度以及与此密切相关的破坏强度如何分布。因此，场地危险性评价的基本目标或主要内容是确定塌岸灾害活动概率，划分成灾范围以及不同强度的危险区。区域危险性评价是大面积的塌岸地质灾害活动程度的综合分析评价，主要通过危险性区划方式，显示区域灾害活动水平，所以，区域评价的基本目标和主要内容是根据塌岸地质灾害危险性的区域分布特征进行危险性区划。

从研究塌岸灾害危险性的背景出发，可以把危险性评价划分为两种类型：历史危险性评价和潜在危险性评价。在实际工作中通常是把两者结合起来进行，在历史评价的基础上进行潜在危险性评价。塌岸灾害危险性通常是通过塌岸灾害产生的概率和可能发生的强度和范围来评价。

历史塌岸灾害危险性主要是通过对历史发生的塌岸灾害的强度或规模、活动频次、分布密度、分布面积比和灾害危害强度等级等指标的调查和统计来评价。

塌岸灾害潜在危险性是指在未来时期将在什么地方发生塌岸灾害，其活动强度、规模以及危害的范围、危害强度有多大。塌岸灾害潜在危险性受多种条件控制，具有很大的不确定性。下面从塌岸灾害的发生概率和危险性区划两个方面介绍塌岸危险性评价的基本方法。

一、水库岸坡塌岸灾害发生概率确定方法

塌岸属于突发性地质灾害，具有随机性和混沌性。在不同条件下，塌岸发生的机率和危险程度是不同的。塌岸灾害形成的条件越充分，发生塌岸的可能性越大，出现的机率越高，造成的危险性就越大。

（一）历史经验法

对于那些塌岸活动频繁，而且又有较长时间历史记录和观测记录或充分研究资料的研究区，可以建立比较系统的塌岸灾害时间序列和塌岸灾害诱发机制模型，据此可进一步分析不同地质背景条件下不同时间尺度的塌岸灾害变化规律，确定不同规模塌岸灾害事件的发生频率或灾害活动概率。这种方法比较适合研究区域较大、历史资料丰富、预测尺度较长的塌岸危险性评价。

（二）概率分析法

对于那些研究范围较小、塌岸边界条件较清楚、岩土体物理力学参数较明确的场区的塌岸发生概率的确定，通常采用基于刚体极限平衡理论的概率分析方法。由于影响岸坡稳定性的各种因素的复杂性和差异性，可以把稳定性计算中影响稳定性的计算参数看作是具有某种分布的随机变量，相应的稳定性系数也是随机变量，则岸坡稳定性系数小于安全系数的概率即可认为是该岸坡发生塌岸的破坏概率，来表示岸坡失稳的可能性。

（三）稳定系数—概率分析法

此法适用于场地塌岸灾害预测，是建立在传统的岸坡稳定性系数计算及影响因素随时间变化的特征分析的基础上的。一定时间段 T 内岸坡失稳的可能性可以通过式(3－1)确定。

$$P_t(L) = [P_h(E_1) + P_h(E_2) + P_h(E_3) + P_l(E_1) \cdot P_l(E_2) + P_l(E_1) \cdot P_l(E_3) + P_l(E_3) \cdot P_l(E_2)] \cdot T \quad (3-1)$$

其中：

$P_h(E_1)$、$P_h(E_2)$、$P_h(E_3)$ 分别表示条件 E_1、E_2、E_3 的高强度重现概率，此时稳定性系数 $K \leqslant 1$；

$P_l(E_1)$、$P_l(E_2)$、$P_l(E_3)$ 分别表示条件 E_1、E_2、E_3 的低强度重现概率，此时稳定性系数 $K > 1$；

T 表示预测期限。

例如：计算在 50 年内岸坡在地震烈度为 8 度（千年一遇）、降雨量达 100mm（百年一遇）的破坏概率，其中两种条件的低强度重现时间间隔为 200 年和 50 年，则 50 年内岸坡发生破坏的概率为：

$$P_{50}(L) = [0.001 + 0.01 + (0.005 \times 0.02)] \times 50 = 0.6$$

二、水库岸坡塌岸灾害危险性区划方法

水库岸坡塌岸灾害危险性区划研究是建立在地质过程的遍历性原理基础上，区域上地质灾害群体研究等效于单个地质灾害的长期研究，也就是说通过大区域不同发展阶段灾害群体的研究可以类比该类型灾害的历史过程研究，即区域统计原则和地质灾害工程地质类比原则。因此首先从自然地质结构、地貌演化、区域塌岸灾害分布规律等方面研究塌岸地质灾害发生的地质环境和发展演化趋势，实现塌岸地质灾害的历史、现状和预测研究的系统化。对于大面积的区域性塌岸危险性，要进行如此全面深入的勘察和计算显然是不可能的。只能采用典型勘查和抽样调查方法，取得代表性参数，然后再进行区域塌岸灾害危险性评价。

区域塌岸灾害危险性区划的基本内容和作用是，根据区域历史塌岸灾害活动程度和塌岸灾害形成条件的充分程度，结合区域自然条件和社会经济条件，评价区域塌岸灾害危险程度及其分布规律，划分危险性等级。把条件复杂、危险性程度参差不齐的大面积评价区，划分成若干塌岸灾害活动条件和危险程度相对一致的单元，作为确定抽样样本，确定评价参数，拓展到全区，确定研究区塌岸灾害的危害范围以及塌岸危险性等级，最后得到研究区的塌岸灾害危险性区划图。

塌岸灾害危险性分区归纳起来有两种方法：一是以塌岸灾害分布图和各因素图的叠加，定量、半定量化确定地质灾害敏感性指标，然后对各敏感性指标进行叠加处理，高敏感性指标区代表地质灾害易发区，低敏感性指标区代表地质灾害不易发生的区域。另一种方法是以地质灾害影响因素与地质灾害关系的理论分析为基础，建立相关数学模型（检验模型、数理统计模型、信息模型、模糊判别模型、灰色模型、模式识别模型、非线性模型）对研究区的相对危险性程度做出评价，作为塌岸灾害危险性评价的定量依据。各种数学模型尽管原理与运算方法相去甚远，但都是通过对影响塌岸因素的分析，赋予权重系数，再对各权重系数进行相关数学推理运算，建立预测模型，从而实现定量评价。其中各预测变量权重系数的确定与判别标准的确定是分区结果的决定因素。综合上述两种方法，最后编制出的塌岸灾害危险性区划图都属于一种综合图件，具有一定时段内的静态特点，属于半定量的评价方法。目前由于 GIS 技术的空间分析、制图功能和可视化功能的飞速发展，为塌岸灾害危险性区提供了数据更新、自动成图的有效工具，从而弥补了塌岸灾害危险性区划相对静态的不足。

第三节　水库岸坡塌岸灾害易损性评价

塌岸灾害承灾体的评估主要是通过承灾体的易损性指标来表达的。塌岸灾害易损性是指受灾体遭受塌岸灾害破坏机会的多少与发生损毁的难易程度，可用从 0（无破坏）到 1（完全破坏）的标量形式来表示。

承灾体的易损性是反映基于灾前的研究区域经济、社会对于一旦发生灾害的敏感状况，与区域的社会经济发展状况有关，也与灾害可能造成的后果有关。目前常用的指标选择方法有：根据灾后损失评估体系采用反推法确定指标、基于社会易损性理解构想指标、由灾害案例采用信息量法确定指标和从区域宏观经济发展描述选取指标 4 种方法。4 种承灾体易损性指标选取方法各有利弊。灾后损失评估体系反推法和灾害案例信息量法所反映的指标是基于灾后的实际评估，对受灾人员、农作物、建筑物等可以作具体的图集，但承灾体易损性是灾前综合评价

研究区域对于灾害损失的敏感程度，评价指标只可能考虑灾害的影响范围，不可能统计其具体的破坏程度。基于易损性理解选取指标虽然选用了社会经济指标，但内容信息量小，不能充分反映研究区域对灾害损失的敏感程度。而宏观经济综合评价法仅仅限于当年或统计期间的创造价值，无法体现灾害对人类创造财富的损失。因此，只有建立在上述 4 种方法基础之上的综合评价指标才能更好地反映研究区域对灾害损失的敏感程度。

随着人类科学技术水平的提高和社会经济的发展，人类活动范围和领域不断扩大，塌岸灾害对人类的影响也越来越广泛。概括起来归结为 3 个方面：①对经济产生影响，使人类创造的财产以及各种生产活动遭到破坏；②对社会产生影响，包括对人类生命产生影响，造成人口死亡、肢体受伤、精神和心理受到伤害，妨碍社会进步，甚至影响社会安定；③对资源与环境产生影响，破坏土地资源与环境，破坏水资源与水环境，破坏生态资源与环境等。基于这些表现，塌岸灾害的破坏损失由各种破坏效应所组成，可分为直接损失和间接损失，就造成损失的承灾体类型可分为经济损失、社会损失、资源与环境损失(图 3-5)。

- 塌岸灾害影响
  - 经济影响
    - 财产损坏损失(企业、事业、个人实物性财产损失)
    - 产业直接影响(减产、停产损失)
    - 产业关联影响(投入积压与投资溢价值损失等)
  - 社会影响
    - 人类生命影响
    - 社会发展影响
    - 政治稳定影响
  - 资源与环境影响
    - 土地资源与土地环境影响
    - 水资源与水环境影响
    - 生物资源与生物环境影响
    - 综合生态环境影响

图 3-5　塌岸灾害对人类的影响

根据塌岸灾害的特点及塌岸灾害所造成的可能破坏对象——承灾体的类型，可以把塌岸灾害易损性划分为 3 种类型：经济易损性、社会易损性和环境易损性。

一、经济易损性

经济易损性主要研究塌岸灾害影响区内由于塌岸的产生而造成的经济损失率，包括直接经济易损性和间接经济易损性。直接经济易损性值的大小(塌岸破坏设备的价值/设备总价值)与设备的结构特征及塌岸灾害的强度有关。塌岸灾害直接经济易损性计算中考虑的承灾体可划分为 7 种类型(图 3-6)，下面以房屋建筑为例说明易损性指标 Vj_i 的确定。

- 经济易损性
  - 房屋建筑 Vj_1：住宅、宾馆、商厦、学校、医院、工业厂房等
  - 交通运输 Vj_2：公路、铁路、航运、桥梁等
  - 生命线工程 Vj_3：供水排水系统、供电系统、通信系统、供气系统等
  - 水利工程 Vj_4：大坝、堤防、电站、机井等
  - 生活与生产构筑物 Vj_5：水塔、烟囱、贮油罐、井架等
  - 室内外设备及物品 Vj_6：汽车、拖拉机、机械、商储物资、生活用品等
  - 农作物 Vj_7：稻谷、棉花、烟草、蔬菜、果树等

图 3-6　塌岸灾害 7 种承载体

某个房屋建筑物的易损性 Vj_{1i} 可通过下式求取。

$$Vj_{1i} = V_1 \times V_2 \times m$$

式中：V_1——考虑建筑物与塌岸影响范围的关系、建筑物基础埋深、塌岸速度等综合得出的建筑物易损性值；

V_2——考虑建筑物结构得出的建筑物易损性值，可通过表 3－1 确定；

m——考虑建筑物新旧程度的折减系数，可通过表 3－2 确定。

这样，便得出了某建筑物的易损性值 Vj_{1i}。在此基础上，通过对同种类型建筑物易损性的求取，并结合考虑建筑物的分布特征及密度，可以进一步测算出研究区内各种建筑物的易损性值，并最终综合为研究范围房屋建筑物的总易损性值 V_1。依照房屋建筑易损性的确定方法，同样可以确定出其他 6 种直接经济易损性指标，各指标的考察内容如表 3－3 所示，指标间的层次关系如图 3－7 所示，各层次间的连接权系数可以通过分布特征(面积比或长度比)或重要性程度来确定。

表 3－1　不同结构建筑物易损性

建筑物结构类型	钢结构	钢筋混凝土结构	砖结构	简易结构
易损性	0.5	0.75	0.9	1

表 3－2　建筑物新旧程度折减系数表

建筑物新旧程度	十成	九一七成	六一四成	三一两成
折减系数 m	0.5	0.6	0.8	1.0

表 3－3　经济易损性指标考察内容表

评价指标	考察内容
房屋建筑	建筑物基础与塌岸的关系、结构类型、新旧程度
交通运输	公路、铁路、桥梁的基础与塌岸的关系、新旧程度航运河道的宽度及与塌岸规模的关系
生命线工程	工程架设基础与塌岸的关系及重要性
水利工程	工程基础与塌岸的关系、结构类型、重要性
生活与生产构筑物	构筑物基础与塌岸的关系、结构类型、新旧程度
室内外设备及物品	设备及物品的性能和组成物质类型、新旧程度及重要性
农作物	农作物分布与塌岸范围的关系

间接经济易损性主要是指由于直接承灾主体因功能失效造成的损失，包括灾后企业停工减产造成的损失、停工减产对社会生产及商品流通带来的损失以及与救灾有关的费用消耗等。

其中的停减产损失及产业关联损失与固定资产损失程度等直接相关，而投资溢价损失主要取决于居民财产损失和流动资产损失中的消费品损失的程度。产业关联损失是由于灾害对生产能力的不同程度的破坏，干扰了整个经济体系的均衡运行状态，使部分生产能力不能充分发挥作用。表现为一部分产业部门生产能力相对“不足”，而其他产业部门生产能力相对“剩余”。与相对“剩余”的生产能力资源相对应的经济损失就是产业关联损失。它是一种机会损失。产业关联损失不但直接与灾害有关，而且与灾后的经济管理有关。停减产损失是指震灾之后是否能迅速恢复生产，使灾区受损之后“残余”的资产储备等其他资源迅速得到最佳利用。灾害发生之后应急阶段所需时间的长短决定了停减产损失的大小，恢复阶段（恢复调整到一个水平相对较低的均衡运行状态）的长短决定了产业关联损失的大小。

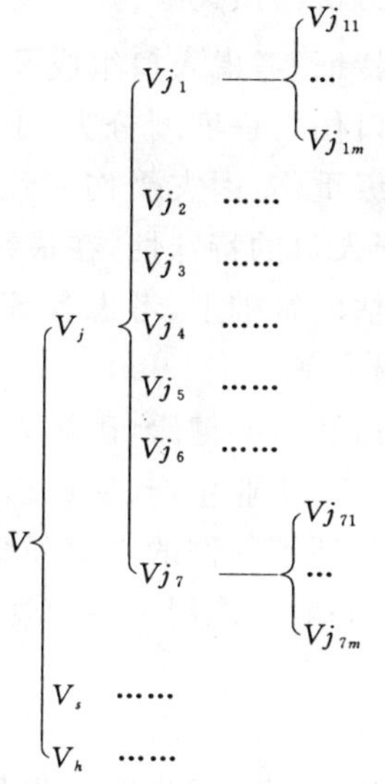

图 3－7 塌岸灾害成灾体易损性评价层次结构示意图

二、社会易损性

塌岸灾害对社会的影响可分为对人类生命的影响、对社会发展的影响和对政治稳定的影响。其中对人类生命的影响基本属于直接损失的范畴，而对社会发展及政治稳定的影响基本属于间接损失的范畴。目前对人员伤亡的研究较多，基本上做到了定量评价，而对于另外两个方面的评估基本上都是属于定性的，这里重点对人类生命影响的评估指标进行讨论。人不是商品，是没有价值的，作为人死伤也就不能计算其价值。但作为存在于人体内的劳动能力，劳动力是有价值的，其价值也是可以度量的。相对于灾害威胁而言，公民的生命健康表现为安全的存在。公民的生存安全受到伤害就应该获得补偿，补偿的价值就是安全的价值。公民生存安全的价值应该包括：医疗费、因误工减少的收入、残废者的生活补助费、死亡者的丧葬费、抚恤金、死者生前和伤者伤前扶养的人的必要生活费和精神损失费，这些统称为死伤损失。此外，如果死伤公民是劳动者，且伤者失去了劳动力，公民生存安全的价值就是死伤损失和劳动力价值之和。因此，就易损性要反映承灾体的经济损失程度和就人口受伤害的价值载体而言，地质灾害的承灾体是人口安全，而不是没价值的人。灾害人口承灾体的损失程度可以用价值指标来反映,绝对指标和相对指标都可以,两者可以转化。

(一)用人口损失价值指数来表征灾害对人类生命安全的危害

$$V = k \times f_v \tag{3-2}$$

式中:V——人口损失指数($0<V<1$);

f_v——与研究单元内人口分布特征有关的人口分布密度特征系数($0<f_v<1$),可通过历史与区域资料获取,也可通过一些经验公式获取,如当人口密度 $D \geqslant 800$ 时,$f_v=1$;当 $250<D<800$ 时,$f_v=0.27+0.0009D$;当 $D \leqslant 250$ 时,$f_v=0.002D$;

k——考虑人口质量的修正系数,$k=(a+b+c)/3$,a 为老年人和少年儿童人口的比例,b 为文盲、半文盲和只接受过初等教育人口的比例,c 为农业人口的比例。

(二)分别计算人口死伤和劳动力价值损失

人口死伤情况可基于人口分布特征,考虑人口组成及承灾能力综合确定,可通过计算的方法,也可通过等级划分的方法,将人口伤亡程度划分为:Ⅰ级轻伤:因灾受伤,但经专门治疗后基本痊愈,并恢复生产能力的人;Ⅱ级重伤:因灾受伤或致残,永久失去生产能力的人;Ⅲ级死亡:因灾害直接造成死亡的人。由于人口的特殊性,在最终风险评估时,可单独予以评价。

劳动力价值损失在人口死伤评估的基础上,考虑各等级人口的分布特征(比例)及人口自身价值特征,综合得出劳动力价值损失率。

塌岸灾害除了可能危害人类生命和身心健康,破坏人类正常生活,造成人员死亡、受伤、失踪以及心理损伤等,还破坏了农业生产、工业生产、交通运输及其他产业活动,影响社会经济的正常发展,对人们的身心造成伤害,破坏了他们的生存环境和社会政治经济的稳定。这些都属于塌岸灾害对社会造成的间接危害,一般只能用一些定性指标来描述,这里不作讨论。

三、环境易损性

塌岸灾害对环境的影响主要是指破坏人类生存与发展的资源和环境,主要包括土地资源及水资源、生物资源、生态环境等。其中一般评价较多的是土地资源。对土地资源的影响可从土地资源价值的损失和土地可利用程度的变化两方面进行。

(一)土地价值损失率的确定

塌岸灾害的发生可能直接造成土地开发利用价值的降低。在农业区可能导致耕地难以耕种,甚至荒废;在城镇或经济开发区,受塌岸灾害威胁的土地不适宜公用设施及房屋建筑的修筑。这时土地资源的易损性可用土地价值损失率来表示。

$$V_s = \frac{\text{土地价值损失量}}{\text{原土地价值}} \times 100\% \tag{3-3}$$

土地价值损失量对于不同类型的土地是不同的。对于耕地区而言,损失量可通过耕地产量减少情况来反映,也可通过恢复土地原耕种条件所需花费的整治费用来反映。对于城区土地而言,损失量可结合市场比价,通过土地价格的直接减少量来反映,也可通过可能灾害损失及防治工程费用的大小来反映。

(二)可利用程度的降低

土地资源根据其地质环境、地理环境质量的好坏,可以把土地按照可利用程度及类型划分为 4 种类型,分类标准如表 3-4 所示。土地可利用程度的降低通过土地利用类别等级的变化来反映，通常与土地使用价值的评价结合进行。

表 3-4　土地利用类别划分表

土地类别		可利用程度
Ⅰ类场地		地势开阔平坦、场地稳定性程度高、基岩埋深浅，适宜作各种场地利用
Ⅱ类场地		地形地貌条件较均一、场地基本稳定，地基承载力满足一般工业、民用建筑物要求，可作一般建筑场地利用
Ⅲ类场地		地形地貌条件较均一、场地存在着潜在不稳定，地基承载力满足一般工业、民用建筑物要求，可作为用地限制规划区，只能修建次要建筑物
Ⅳ类场地	$Ⅳ_1$	场地不稳定，但地形较为平坦，可作为农业用地
	$Ⅳ_2$	场地不稳定，且地形坡度较陡，只能作为坡荒地

第四节　水库岸坡塌岸灾害风险评价

水库岸坡塌岸灾害风险评价是建立在塌岸灾害危险性和易损性评价的基础上，研究承灾体可能遭受的风险水平，可以运用层次分析法（图 3-8）从不同层次、不同角度进行分析，用风险强度和风险损失两个参数进行反映。

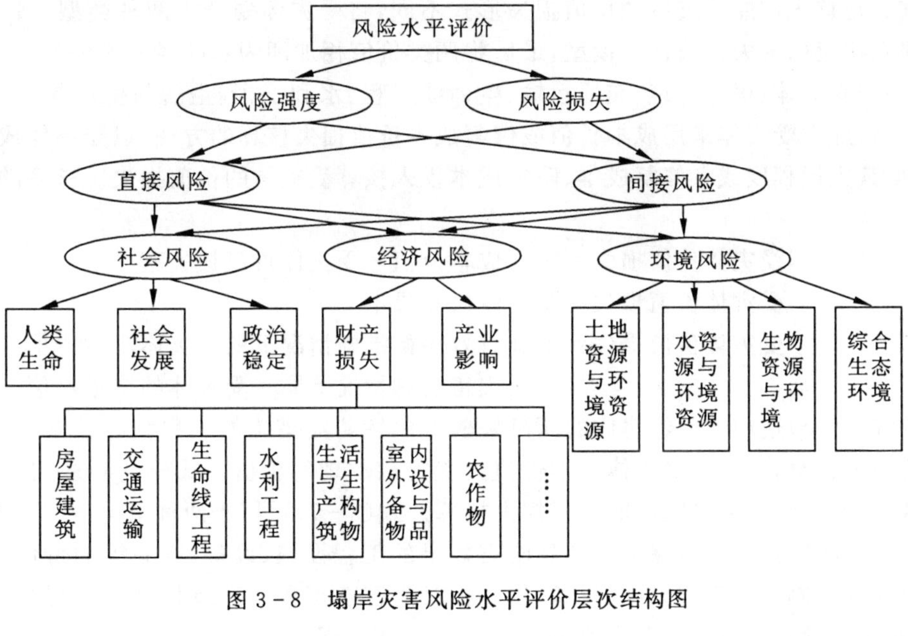

图 3-8　塌岸灾害风险水平评价层次结构图

一、评价方法

塌岸灾害风险的评价是集塌岸灾害特点与社会经济学原理于一体，受灾体的类型与特点不同，评价的方法也有所差异。这里分塌岸灾害经济风险、社会风险和环境风险 3 个方面进行阐述。

(一)经济风险

塌岸灾害造成的经济风险通常是由经济损失价值的大小来表征的。经济损失的大小是由各种经济财富的价值分布特征和各种物质财富的易损性共同决定的。

1. *历史-经验模型法*

根据历史上相似灾害强度下的塌岸灾害经济损失情况,建立各灾害强度下经济易损性的经验公式,在已知实际研究区各种经济设备分布特点的基础上,计算可能灾害的经济损失值。这种方法是建立在对已知塌岸灾害地区的经济损失进行统计分析的基础上的,要求统计信息源不但丰富而且尽量详细。而对于塌岸灾害而言,研究资料的精度很难达到要求,因此该方法由于运用条件的限制,适用范围有限。

2. *公式法*

塌岸灾害的经济损失价值可以通过公式(3-4)计算得到。

$$R_e = \sum_{j=1}^{n} P(L) \cdot V \cdot Q_j \tag{3-4}$$

式中:R_e——塌岸灾害经济损失价值;

$P(L)$——塌岸灾害发生的概率;

V——受塌岸灾害影响设备的平均易损性;

Q_j——j 类设备的总价值。

3. *层次分析法*

该方法是首先按照受灾后的价值损失形式不同,将受灾体划分为两种类型。针对每种类型分别建立相应的损失价值估算模型,最后将两类价值相加即为总的经济损失。

(1)一类受灾体:房屋建筑、交通运输、生命线工程、水利工程、生活与生产构筑物、室内外设备及物品,此类受灾体采用成本价值或修复成本价值损失核算的方法,以受灾体成本价值为基数,根据其灾损程度或者修复成本、防灾成本投入核算受灾体的价值损失。核算的基本公式为:

受灾体价值损失=灾体成本价值×受灾体价值损失率　(3-5)

受灾体价值损失=受灾体修复成本　(3-6)

受灾体价值损失=实施有效防御措施情况下的受灾体成本价值
　　　　　　　　　　　　　　　　　　　　　　　　　　－无灾害防御情况下同一受灾体的成本价值　(3-7)

其中式(3-5)适用于已经建成的而没采取专门性防灾措施的工程和已经制造的设备、物品的价值损失核算,式中的受灾体成本价值为受灾前的现实价值。式(3-6)适用于那些灾损程度较低、且易于修复的受灾体的价值损失核算。式(3-7)适用于两种情况:一是已经建成的并采取了专门防灾措施而且保障能达到防灾效果的工程设施、设备、物品等的价值损失核算;二是没有建设或制造的工程设施、设备、物品。对于已建工程或已有物品,式中的成本均为现实成本,对于尚没有建造的工程或物品,式中的成本均为影子成本。

一类受灾体的价值损失可通过式(3-8)计算得出。

$$R_d = \sum_{j=1}^{n} R_{dj} \tag{3-8}$$

式中:R_{dj}——第 j 亚类受灾体的价值损失值,可通过式(3-5)、式(3-6)、式(3-7)核算得出。

(2)二类受灾体：农作物，农作物受灾后的直接表现是受到挫折或者死亡、毁灭，其最终后果是农作物减产或绝收。由于农作物生长严格受时令季节的影响，所以农作物受灾后不仅使农民已经投入的成本受到损失，而且更重要的是耽误农时，使农作物收益受到损失。因此在灾害评估中，以农作物收益损失代替灾害所造成的经济损失，其核算模型如式(3-9)所示。

$$农作物价值损失(R_{e2})=无灾害情况下农作物收益价值\times农作物减产比率 \tag{3-9}$$

4.概率计算法

由于塌岸灾害是一种概率事件，可以用概率预测方法核算灾害期望损失。根据历史地质灾害活动规律以及地质灾害基础条件和激发条件的充分程度，分析地质灾害的活动频率以及不同频率下地质灾害的可能危害范围和危害强度，按照易损性评价中提出的方法核算受灾体价值以及不同强度危害下受灾体的价值损失率，可按式(3-10)计算灾害期望损失。

$$R_e = \sum_{i=1}^{n}\sum_{j=1}^{m} G_{ij} \cdot J_{sij} \cdot J(d)_i \cdot L_{ij} \tag{3-10}$$

式中：R_e——塌岸灾害事件期望经济损失；

i——灾害事件危害的受灾体类型；

j——受灾体损毁程度等级；

G_{ij}——评价区(或评价单元)第 i 类受灾体遭受一定强度灾害危害后发生 j 级破坏的概率；

J_{sij}——i 类受灾体发生 j 级破坏情况下的价值损失率；

$J(d)_i$——i 类受灾体平均单价；

L_{ij}——i 类受灾体发生 j 级破坏的数量。

5.模型法

对于那些研究范围较大，但其中一些具有典型代表性的场区研究程度较高的情况，可采用场地研究与区域研究方法相结合的方法，借助一些较为成熟的数学推理方法进行易损性及价值损失计算。

(二)社会风险

塌岸灾害引起的社会风险主要包括人类生命影响、社会发展影响和政治稳定影响。本书只讨论对人类生命的影响，对人类生命的影响可通过两方面来反映：人口死伤数和劳动价值损失。一般来说，在公路、铁路等开阔地，面积较小的塌岸很难造成人员伤亡，缓慢的变形对于行人和车辆是安全的。而对于呆在建筑物里的人来说，危险性则增大了。因此，塌岸灾害对人类生命的影响主要来源于建筑物中的人们，人口死伤数可通过式(3-11)计算得出。

$$R_P = \sum_{j=1}^{n} P(L) \cdot K_S \cdot t_d^j \cdot q_y^j \cdot (24 \cdot 365)^{-1} \cdot D_p^j \tag{3-11}$$

式中：R_P——塌岸灾害破坏的房屋种类数；

$P(L)$——塌岸发生的概率；

K_S——同建筑物易损性有关的表示人类可能受到伤害的概率；

t_d^j——人一天内呆在建筑物内的平均累计时间(小时)；

q_y^j——人一年内呆在建筑物内的平均累计时间(天)；

D_p^j——灾害中在 j 类建筑物里的总人口数。

(三)环境风险

塌岸灾害对环境的影响主要是指破坏人类生存与发展的资源和环境,主要包括土地资源及水资源、生物资源、生态环境等。在塌岸变形和位移影响范围内产生的对地表土壤的破坏和对植被的生长破坏可以看作是塌岸灾害对环境的直接影响。而设备的明显变形或破坏、涌浪等可能会造成诸如大气污染、地表水地下水污染等,这都是间接环境影响。塌岸灾害对环境的负面影响还可分为两类:一类是由塌岸直接或间接引起的环境污染,一类是由塌岸引起的环境条件和卫生状况的恶化。特别是对于那些可能引起极端环境灾害的设备应做出重点评价。如易爆炸的输油管、有毒气体的管道、贮存放射性物质的仓库、化学液体槽、油箱等,这些设备的破坏将会导致环境的灾难性破坏。我们应首先估计如果遭到塌岸侵袭,这些设备可能向环境中排放的有害物质量,结合对塌岸影响范围的确定,再对这些设备落在影响范围内的可能性进行判断。目前有关环境风险的评价定量化程度较低,尚停留在以定性评价为主的阶段。在实际操作过程中常归并入经济风险进行计算。

二、场地与区域风险评估的差异

水库岸坡塌岸灾害风险的大小可通过风险损失值的大小、也可通过风险等级来划分,一般视研究区的大小和研究的精度而定。对于场地性评价和区域性评价,由于灾害分布范围与研究区的差异性不同,在考虑受灾体的损失时,其受灾的可能性是不同的。对于场地性评估,前面所述的方法全部适用。而对于区域性评估,则应在前述计算的基础上乘以一个受灾体的风险接受率。如对于房屋建筑而言,接受率是研究区(单元)内房屋建筑的分布面积除以研究区(单元)总面积。区域评估的研究思路如图 3－9 所示。

首先通过调查统计得出研究区受灾体类型、限制及其空间分布特点,然后在危险性区划的基础上,综合受灾体的空间分布将研究区划分成不同的评价单元,要求各评价单元内的塌岸危险性及受灾体特征相对一致。根据前述的各种方法或各种数学模型(物元模型、神经网络模

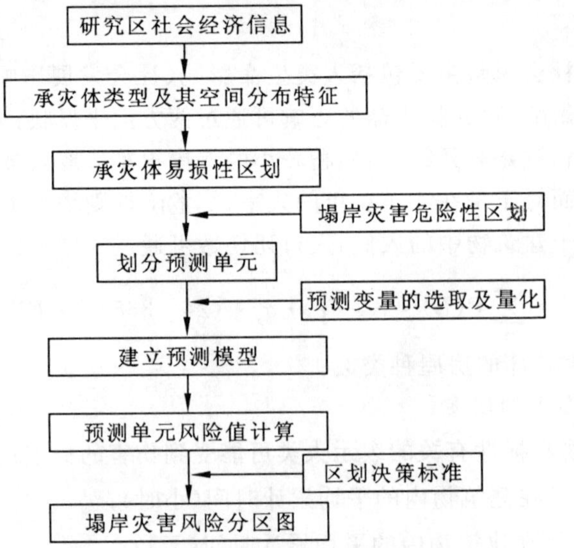

图 3－9　塌岸灾害区域风险研究流程图

型)计算各单元的损失价值或风险等级,最后得出塌岸灾害风险分布图。

第五节　风险评估因素的确定及预测模型讨论

一、塌岸稳定性评价指标的确定

影响岸坡稳定状态的因素很多,本节在前述评价指标体系的基础上,运用信息量法对预测信息进行了敏感度分析。分析表明地形地貌、岩土类型、地质结构、土地利用情况、上部荷载类型、人类工程活动等对岸坡的稳定性状况均有不同程度的影响,其中对岸坡稳定性可能贡献较大的是侵蚀作用、岩土类型、土地利用状况及人类工程活动强度。在此基础上,结合各指标选取的难易程度及研究区相关资料的掌握程度,选取了 11 种指标作为空间预测的二级指标,共 33 个基础指标。选取的塌岸稳定性评价指标体系如表 3-5 所示。

表 3-5　岸坡稳定性评价指标

一级指标	二级指标	基础指标	代码
地质环境指标	地形坡度 C_1	<10°	X_1
		10°～25°	X_2
		25°～35°	X_3
		>35°	X_4
	构造(构造延伸与距离之比)C_2	强影响带	X_5
		弱影响带	X_6
		无影响带	X_7
	岩体透水性 C_3	强透水性	X_8
		中等强透水性	X_9
		弱透水性	X_{10}
动力指标	高程与洪水位的关系 C_4	<145m 水位	X_{11}
		145～175m 变动影响带	X_{12}
		>175m 水位	X_{13}
	不良地质现象 C_5	发育	X_{14}
	上部荷载类型 C_6	动荷载	X_{15}
		静荷载	X_{16}
人类工程活动指标	土地利用类型 C_7	仓储、港口用地	X_{17}
		建筑用地	X_{18}
		植被密集、绿化用地	X_{19}
		其他	X_{20}
	人工治理加固工程 C_8	有	X_{21}
库岸结构类型指标	岩质岸坡 C_9	砂岩岸坡	X_{22}
		粘土岩岸坡	X_{23}
		二元岸坡 1	X_{24}
		二元岸坡 2	X_{25}
		复合岸坡	X_{26}
	土质岸坡 C_{10}	粘土类岸坡	X_{27}
		粘土夹碎石岸坡	X_{28}
		块石夹土岸坡	X_{29}
	混合型岸坡 C_{11}	混合型岸坡 1	X_{30}
		混合型岸坡 2	X_{31}
		混合型岸坡 3	X_{32}
		混合型岸坡 4	X_{33}

二、易损性评价指标的确定

易损性研究主要是根据研究区承灾体的分布及结构特点，确定出主要影响易损性的评价指标，从而计算出各评价单元易损性的等级。

根据社会经济环境特点以及掌握的资料的详细程度，在对比和调查的基础上，选取了 5 种指标作为易损性评价的二级指标，共 12 个基础指标。易损性评价指标如表 3 - 6 所示。

表 3 - 6　塌岸灾害易损性评价指标表

一级指标	二级指标	基础指标	代码
经济易损性	房屋建筑物的分布 C_1	Ⅰ类（低层、港区及仓储）	X_1
		Ⅱ类（多层、一般公共建筑物及行政办公建筑）	X_2
		Ⅲ类（重要建筑及工厂厂房）	X_3
	道路工程 C_2	有否有道路工程通过	X_4
	生命线工程 C_3	有否有生命线工程通过	X_5
社会易损性	人口分布 C_4	密集区	X_6
		中等密集区	X_7
		稀疏区	X_8
环境易损性	土地利用类型 C_5	绿地	X_9
		建筑用地	X_{10}
		公共用地	X_{11}
		工业用地	X_{12}

三、预测模型讨论

（一）信息量模型

信息量是被认知的事件出现概率的倒数的对数。在塌岸活动强度空间预测中，用样本概率代替总体概率。某一变量的信息量为：

$$I_j = \log \frac{S_i/N_j}{S/N} \tag{3-12}$$

式中：I_j——变量 X_j 的信息量值；

N——单元总数目；

S——具有相同因素 $X_1, X_2, \cdots, X_n$ 组合的单元数目；

N_j——变量 X_j 所占的单元数目；

S_j——在岸坡稳定性评价中为变量 X_j 单元中已产生崩塌、滑坡、侵蚀的单元数目，在塌岸灾害易损性评价中为变量 X_j 单元中特征水位线以上发生灾害且人类社会经济活动强烈的单元数目。

（二）物元模型

1. 物元分析理论简介

物元分析是研究解决矛盾问题的规律和方法，是系统科学、思维科学和数学交叉的边缘学科。物元分析的理论框架有两个支柱:一个是研究物元及其变化的物元理论,一个是建立在可拓集合的基础上的数学工具。物元分析的应用技术是物元变换方法,试图把人们解决问题的过程形式化,从而建立起相应的物元模型。

人们把人、事和物统称为事物。事物具有各种各样的特征,确定的事物关于某一特征有相应的量值。事物的名称、特征和量值是描述事物的基本要素。给定事物的名称为 N,关于特征 c 的量值为 v,以有序三元组

$$R=[N,c,v] \tag{3-13}$$

作为描述事物的基本元,简称为物元。同时把事物的名称、特征和量值称为物元三要素。

物元分析的研究对象是物元系统,是指一些物元按一定层次结构相联系所构成的具有一定功能的有机体,也即是由一些具有一定特征和相应的量值的事物所组成的系统,若用 S 表示物元系统,用 $R_1,R_2,\cdots,R_n,\cdots$ 表示组成 S 的物元(称为基本组成物元),用 $m_1,m_2,\cdots,m_k,\cdots$ 表示 $R_1,R_2,\cdots,R_n,\cdots$ 之间的相互关系,则物元系统 S 可形式地记为 $S=\{R_1,R_2,\cdots,R_n,\cdots\}\times\{m_1,m_2,\cdots,m_k,\cdots\}$ 或 $S=R_1\times R_2\times\cdots\times R_n$,其中×表示 S 的基本物元 $R_1,R_2,\cdots,R_n,\cdots$ 相对稳定的排列次序和分布方式。类似物元系统的定义,事物系统可以定义为一些基本事物 $N_1,\cdots,N_n,\cdots$ 按一定层次结构而构成的具有特定功能的有机体。定义特征系统为一些基本特征 $C_1,\cdots,C_n,\cdots$ 按一定层次结构方式相联系所构成的具有特定功能的有机体。这样物元系统 S 可视为具有一定特征和相应量值的系统事物。S 可用物元(一般是高维物元)来表示,记为 $S=(sN,C,V)$,其中 C,V 分别为特征组和量值组,$C^T=(C_1,\cdots,C_n)$,$V^T=(V_1,\cdots,V_n)$,满足 $C_i(sN)=V_i$,$i=1,\cdots n$。根据物元要素的发散性、可扩性、相关性、蕴含性和共轭性可对物元进行拓展,从而解决事物的矛盾问题。

塌岸系统是一个复杂的物元系统,具有整体性、动态性和开放性的特点。由于无法确定出岸坡稳定性的全部影响因素,只能通过不完备的因素来评价岸坡的稳定性。而可拓学正是以相容问题为研究对象,研究其转化规律及解决方法。因此可将物元模型的方法应用于塌岸系统预测问题,首先确定综合评价指标,对评价区域的指标性状数据用定量的数值表示;并通过关联函数刻划指标与稳定性等级关联程度从而对区域进行稳定性评定。物元分析综合评判方法能够较为客观地反映地质体的稳定性程度,同时易于用计算机进行规范化。

2.塌岸特征元(C,V)系统分析

塌岸系统分析的过程中十分关键的一步就是对塌岸特征元进行层次分析。塌岸系统的特征元不是简单系统,而是由若干分特征元(C_i,V_i),$[i=1,\cdots,n]$组成的,即$(C,V)=(C_1,V_1)\times(C_2,V_2)\times\cdots\times(C_n,V_n)$,特征元的组分呈现出树状结构(图 3-10)。具体到塌岸特征元,C_i 相当于塌岸预测指标体系中的一级预测指标,C_{1i} 相当于二级预测指标,C_{1i1} 相当于基础预测指标。特征元内的较低层分特征元往往容易量化或已知,因此,在进行选择分特征元时,应该尽量全面、全方位地从可能的分特征元中选择较简单的分特征元来构造特征元的层次结构,既不漏掉关键的分特征元,又要选尽量不交叉的特征元作为同层中的元素。

3.塌岸空间预测物元综合评判模型的建立

塌岸空间预测物元综合评判的基本流程如图 3-11 所示,针对待评价区域 N 搜集各有关评价指标 $C(C=c_1,c_2,\cdots,c_k)$ 的数据 $V(V=v_1,v_2,\cdots,v_k)$,并根据需要将各指标划分为若干级 $j(j=1,2,\cdots,m)$,由数据库或专家意见给出每个指标各等级的数据范围 $V_{jk}[V_{jk}=(a_{jk},b_{jk})]$,再将待评区域的有关指标代入各等级的集合中进行多指标评定;最后将评定结果按它与各等

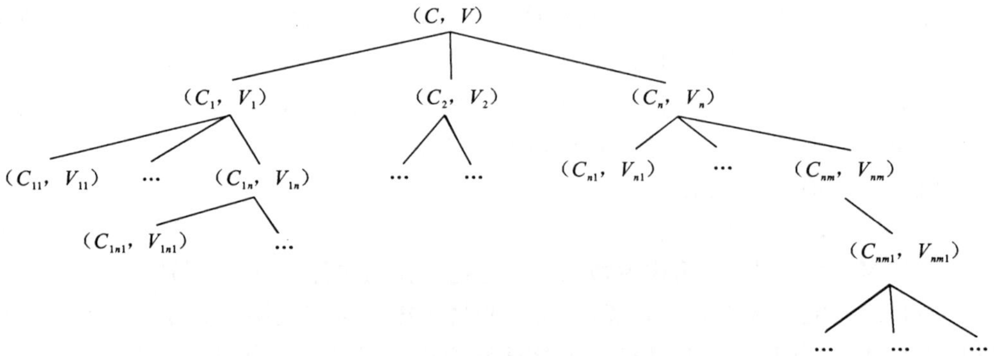

图 3-10　特征元结构层次示意图

级集合的关联度大小进行比较，关联度越大，它与某等级集合的符合程度就越佳。

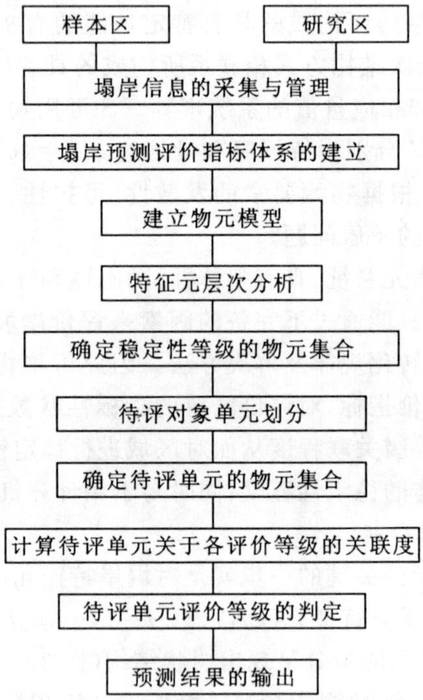

图 3-11　库岸预测物元综合评判流程图

下面具体介绍塌岸空间预测物元综合评判过程中的某些步骤。

(1)确定稳定性等级的物元集合。

1)确定评判的经典域。

在评价指标体系及特征元层次分析的基础上

$$R_j=(N_j,C,V)=\begin{bmatrix}N_j & C_1 & V_{j1}\\ & C_2 & V_{j2}\\ & \wedge & \wedge\\ & C_k & V_{jk}\end{bmatrix}=\begin{bmatrix}N_j & C_1 & \langle a_{j1},b_{j1}\rangle\\ & C_2 & \langle a_{j2},b_{j2}\rangle\\ & \wedge & \wedge\\ & C_k & \langle a_{jk},b_{jk}\rangle\end{bmatrix} \tag{3-14}$$

确定评判的等级及各评判等级所具有的特征的数量范围，即经典域 R_j。其中 N 表示所评价的结果的等级，j 表示结果的等级个数，$C_k(1,2,\cdots n)$表示稳定性等级 N_j 的特征，即其评价指标内容，V_{jk} 为 N_j 关于特征所规定的量值范围。

可用同征物元 R 的形式来表达 j 个同征$(C_1,C_2,\cdots C_n)$物元 $R_1,R_2,\cdots,R_j$。

$$R=\begin{bmatrix}N & N_1 & N_2 & \wedge & N_j\\ C & V_1 & V_2 & \wedge & V_j\end{bmatrix}=\begin{bmatrix}N & N_1 & N_2 & \wedge & N_j\\ C_1 & V_{11} & V_{12} & \wedge & V_{1j}\\ C_2 & V_{21} & V_{22} & \wedge & V_{2j}\\ \wedge & \wedge & \wedge & \wedge & \wedge\\ C_n & V_{n1} & V_{n2} & \wedge & V_{nj}\end{bmatrix} \tag{3-15}$$

2)确定评判的节域。

在确定评判经典域的基础上，确定出评价对象各等级的全体关于某个特征所取的量值的范围，即节域 V_P。

$$R_j=(P,C,V_P)=\begin{bmatrix}P & C_1 & V_{P1}\\ & C_2 & V_{j2}\\ & \wedge & \wedge\\ & C_k & V_{Pk}\end{bmatrix}=\begin{bmatrix}N_j & C_1 & \langle a_{P1},b_{P1}\rangle\\ & C_2 & \langle a_{P2},b_{P2}\rangle\\ & \wedge & \wedge\\ & C_k & \langle a_{Pk},b_{Pk}\rangle\end{bmatrix} \tag{3-16}$$

式中：P——评价对象各等级的全体；

V_{Pk}——关于 c_k 所取的量值的范围。

(2)确定待评单元的物元集合。

通过条件分析，把研究区划分为若干单元，对待评对象单元，把所得的数据或分析结果用物元式(3-17)表示，称为评价对象的待评物元。

$$R=\begin{bmatrix}P_i & C_1 & V_1\\ & C_2 & V_2\\ & \wedge & \wedge\\ & C_k & V_k\end{bmatrix} \tag{3-17}$$

式中：P_i——待评对象单元；

V_k——第 i 个评价单元 P_i 关于第 k 个指标 c_k 的量值，即待评价单元区域内各评价指标具体的性状数据，可在前期的塌岸勘查研究的基础上，对数据进行正规化处理得到。

(3)确定待评对象关于各评价等级的关联度。

经典数学是建立在集合论的基础上，用以描述经典集合的是特征函数，其值域为[0,1]；模糊数学是建立在模糊集合论的基础上，用以描述模糊集合的是隶属度函数，其值域为[0,1]；物元理论是建立在可拓集合论的基础上，用以描述可拓集合的是关联函数，关联函数的范围是整个实数轴，由距与位值来表示。

1)模、距与位值。

物元理论定义有界区间 $x=\langle a,b\rangle$ 的模为：

$$|X|=|b-a| \tag{3-18}$$

特别地规定点 x_0 的模为：$|x_0|=0$

在实域上起作用的是点和区间，设 x,y 为实轴上任意两点，则称两点之距为：

$$\rho(x,y)=|x-y| \tag{3-19}$$

设 x 为实域$(-\infty,+\infty)$上任一点，$X_0=\langle a,b\rangle$ 为实域上任一区间，称点 x_0 与区间 X_0 距为：

$$\rho(x_0,X_0)=\left|x_0-\frac{a+b}{2}\right|-\frac{b-a}{2} \tag{3-20}$$

设 $X_0=\langle a,b\rangle$，$X=\langle c,d\rangle$，且 X_0X，则点 x 关于 X_0，X 的位值为：

$$D(x,X_0,X)=\begin{cases}-1 & x\in X_0\\ \rho(x,X)-\rho(x,X_0) & x\notin X_0\end{cases} \tag{3-21}$$

由距与位值的概念可以得到物元分析的关联函数。

2)关联函数。

设 $X_0=\langle a,b\rangle$，$X=\langle c,d\rangle$，且 X_0X，无公共端点，令

$$K(x)=\frac{\rho(x,X_0)}{D(x,X_0,X)} \tag{3-22}$$

则：

(a) $x\in X_0$，且 $x\neq a$、$b\leftrightarrow K(x)=0$；

(b) $x=a$ 或 $x=b\leftrightarrow K(x)=0$；

(c) $x\notin X_0$，$x\in X$，且 $x\neq a$、b、c、$d\leftrightarrow(-1)K(x)=0$；

(d) $x=c$ 或 $x=d\leftrightarrow K(x)=(-1)$；

(e) $x\notin X$，且 $x=c$、$d\leftrightarrow K(x)=(-1)$；

称 $K(x)$ 为 x 关于区间 X_0，X 的关联函数。

3)稳定性物元综合评判的关联函数。

在稳定性综合评价中，X_0 表示各个评价指标隶属于某一级的指标范围，X 表示该指标在整个研究区内的取值范围，$X=(0,\text{指标}_{\text{最大值}})$。根据物元模型关联函数，任意点稳定性指标性状数据 $x\in X$ 始终成立，故关联度值介于$(-1,+\infty)$之间。由于稳定性程度是由多种因素综合决定的，为了便于评判，这里对位值概念进行如下修正，修正后的关联度在$(-1,+1)$之间。定义稳定性物元综合评判的位值、关联函数为：

$$D(x,X_0,X)=\begin{cases}a-b & x\in X_0\\ \rho(x,X)-\rho(x,X_0) & x\notin X_0\end{cases} \tag{3-23}$$

$$k_j(v_k)=\frac{\rho(v_k,V_{jk})}{D(x,X_0,X)}=\begin{cases}\dfrac{\rho(v_k,V_{jk})}{-|V_{jk}|} & x\in X_0\\ \dfrac{\rho(v_k,V_{jk})}{\rho(v_k,V_{Pk})-\rho(v_k,V_{jk})} & x\notin X_0\end{cases} \tag{3-24}$$

式中：V_{jk}——评价单元第 k 个指标处于第 j 级稳定性程度的量值区域，即：$V_{jk}=\langle a_{jk},b_{jk}\rangle$；

$\rho(v_k,V_{jk})$——研究单元第 k 个指标性状数据 V_k 到该指标第 j 级稳定性区间经典域 V_{jk} 的距，其计算公式为：

$$\rho(v_k, V_{jk}) = \left| v_k - \frac{a_{jk} + b_{jk}}{2} \right| - \frac{b_{jk} - a_{jk}}{2} \tag{3-25}$$

同理 $\rho(v_k, V_{Pk})$——v_k 到区间节域 V_{Pk} 的距。

(4)确定待评对象对 j 级稳定性的关联度。

在因素分析的基础上，确定各评价指标相对于稳定性的权重，即每个指标特征值 C_k 的权重系数 w_k，通过下式计算即可得到待评对象相对于 j 级稳定性的关联度。

$$K_j(p_i) = \sum_{k=1}^{n} w_k K_j(v_k) \tag{3-26}$$

(5)物元综合评判等级的判定。

若

$$K_j = \max K_j(p) \quad j \in (1,2,\cdots,m) \tag{3-27}$$

则判定待评单元 p 的稳定性等级为 j 等级。

第六节 水库岸坡塌岸灾害风险预测实例

考虑掌握资料的详细程度及将来主要规划区的分布，选取重庆万州区和平广场 200m 高程以下区域作为塌岸灾害风险预测的对象。由于研究区的范围较广、资料量化程度不够高，在此采取风险区划的研究思路。基于工程地质类比法的基本原理，在和平广场区建立信息量预测模型，最终成果以风险等级划分、风险等级分区图的形式来表达。其中危险性评价主要是利用岸坡稳定性分区结果，将危险性划分为低危险性、中等危险性和高危险性 3 个等级对应于稳定性中的稳定、潜在不稳定、不稳定 3 个等级。同样利用信息量预测模型将易损性划分为低易损性、中等易损性和高易损性 3 个等级。

重庆万州区和平广场塌岸灾害风险预测采用的基础图件为 1∶10 000 地形图(2002)，研究区域上游起点为龙宝河地坝咀处，下游在和平广场苎溪河右岸，全长 9 830m，下边界以三峡水库 139m 水位为界，上边界以海拔 200m 为界。全研究区平面面积为 3 846 400m^2。

为研究各段塌岸的稳定性、易损性和风险性，研究区采用单元网格划分方法进行。研究区按规则单元 80m×80m 正方形单元划分，共计 601 个单元。

一、危险性等级评估

根据表 3－5 岸坡稳定性评价指标，选取了 11 个空间预测的二级指标、33 个基础指标来进行塌岸稳定性评价。

按式(3－12)，分别计算出各变量的信息量值，再根据信息的可加性原理，得到万州区和平广场地段岸坡稳定性的空间预测模型为：

$$\begin{aligned} I = & -0.879X_1 + 0.027X_2 + 0.051X_3 + 0.063X_4 + 0.066X_5 - 0.026X_6 \\ & + 0.051X_9 - 0.007X_{10} - 1.522X_{11} + 0.121X_{12} - 0.347X_{13} + 0.092X_{14} \\ & + 0.057X_{15} + 0.022X_{16} + 0.022X_{22} - 0.879X_{28} + 0.048X_{30} \end{aligned}$$

式中：X_i——物理意义参见表 3－5。

从上式中可以看出信息量较大的变量所对应的状态分别是：145～175m 水位变动带、不良地质现象及构造延伸与距离之比强影响带，与定性分析相一致。

根据岸坡稳定性信息量模型，对万州区和平广场地段内 601 个单元进行回代计算出各单元的信息量值，然后统计出在各信息量值区间内的单元数，并作出信息量值统计直方图，如图 3－12 所示。根据信息量值直方图突变点，岸坡稳定性评价划分如下：

$I<0$　　为稳定单元

$I\in[0,0.5)$　　为潜在不稳定单元

$I\in[0.5,1.5]$　　为不稳定单元

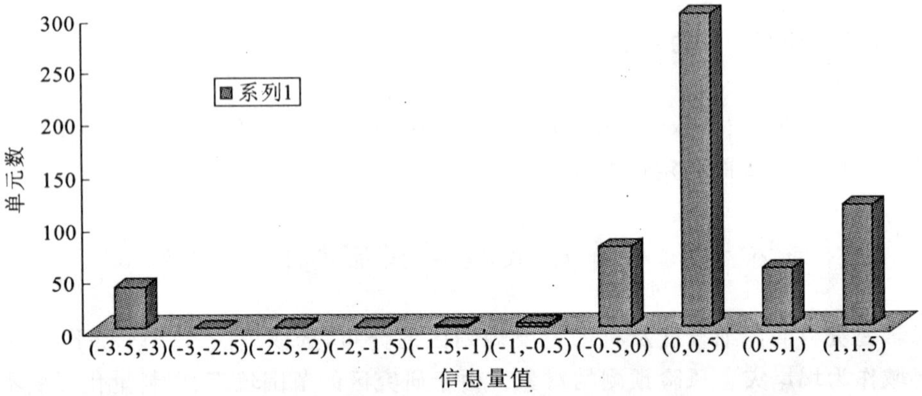

图 3－12　信息量统计直方图

据此，我们编制了万州区和平广场地段塌岸危险性空间预测分布图，如图 3－13 所示。将危险性划分为低危险性、中等危险性和高危险性 3 个等级对应于稳定性中的稳定、潜在不稳定、不稳定 3 个等级，由图可知：

(1)塌岸活动单元与不良地质现象及岸坡侵蚀密切相关，呈线性排列，反映了重庆万州区和平广场地段塌岸的活动本质。

(2)在各级塌岸活动单元中，潜在不稳定单元数目最多，占 49.9%；其次为不稳定单元，占 28.6%；稳定单元数目最少为 21.5%。亦即稳定和不稳定的单元共占 50%左右，潜在不稳定单元占 50%左右。显然，岸坡稳定、潜在不稳定、不稳定 3 个等级的比例关系与选取的范围密切相关。由于本次研究区选取的范围主要集中在 200m 高程以下的岸坡，绝大部分面积处于受 145～175m 水位变动的影响带内，所以稳定的单元少，仅占 20%左右，而潜在不稳定和不稳定单元数目约占 80%。

(3)预测图件表明，总体上苎溪河附近活动强烈。这主要是因为在顺向坡地段，且有不良地质现象发育地段，岸坡稳定性差之故。

二、易损性等级评估

塌岸灾害易损性评价选取了如表 3－6 所示的 5 种二级指标、12 个基础指标。通过对各单元指标的分析，按式(3－12)分别计算出各变量的信息量值，再根据信息的可加性原理，得到万州区和平广场地段易损性的空间预测模型为：

$$I=-0.284X_1+0.524X_2+0.507X_4+0.524X_6-0.334X_7-0.851X_8$$
$$-0.334X_9+0.411X_{10}+0.618X_{11}$$

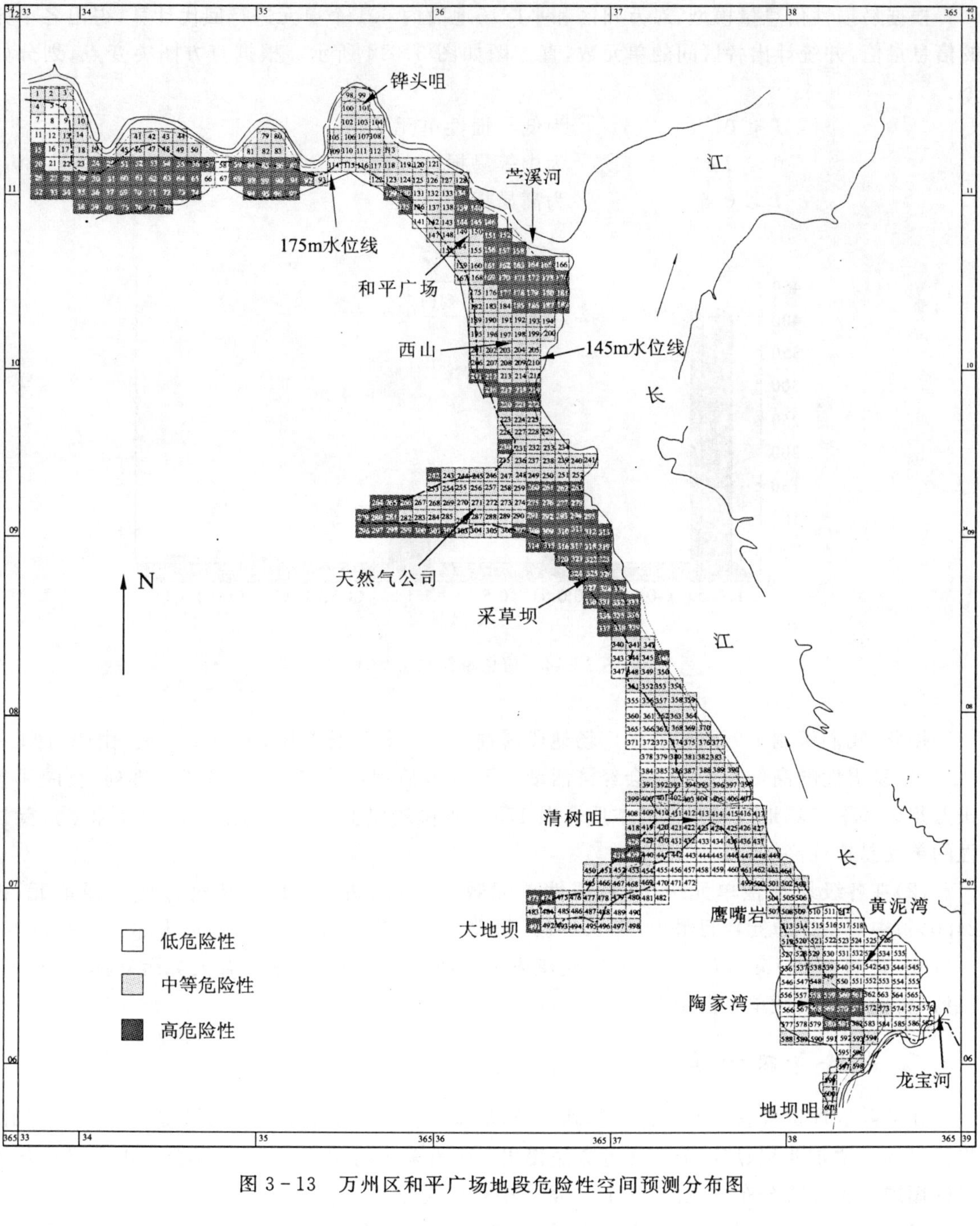

图 3-13　万州区和平广场地段危险性空间预测分布图

式中：X_i——物理意义参见表 3-6。

从上式中可以看出信息量较大的变量所对应的状态分别是：Ⅱ类(多层、一般公共建筑物及行政办公建筑)，人口分布密集区，公共用地。此结果与定性分析相一致。

结合定性分析的情况，把预测结果划分为 3 个等级：①高易损性；②中等易损性；③低易损性。

根据易损性信息量模型，对万州区和平广场地段内601个单元进行回代计算，得出各单元的信息量值，并统计出各区间的单元数，直方图如图3-14所示。根据直方图突变点，划分如下：

$I<0$　　　　为低易损性单元

$0\leqslant I<0.5$　　　　为中等易损性单元

$I\geqslant 0.5$　　　　为高易损性单元

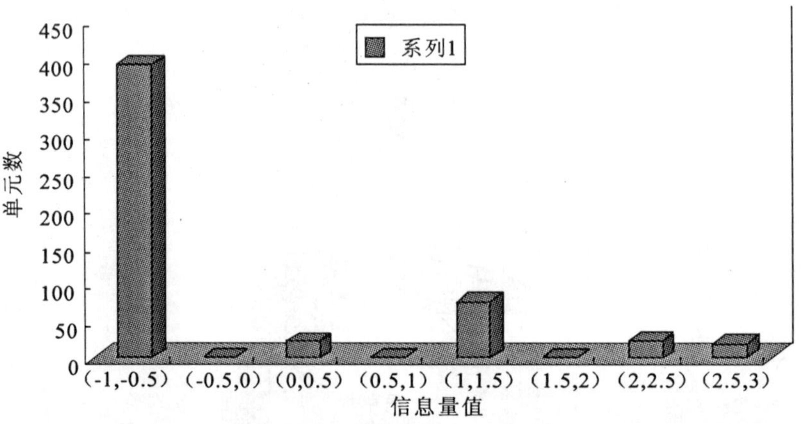

图3-14　信息量统计直方图

据此，我们编制了万州区和平广场地段易损性空间预测分布图，见图3-15。由图可知：

(1)易损性的高低与人类社会经济活动及不良地质现象密切相关，呈线性排列，反映了重庆万州区和平广场地段易损性的本质。在175m水位线以上人类社会经济活动及塌岸危险性强的单元易损性高。

(2)在各级易损性单元中，低易损性单元数目最多，占70.4%；其次为高易损单元，占24.0%；中等易损单元数目最少，为5.6%。研究区内所选的601个单元，绝大部分高程在145～175m之间，而175m以下地带在三峡建成之后将被水淹没，由于没有人类活动其易损性将很低，所以低易损性单元占了大多数。

三、风险等级评估

在危险性评价和易损性评价的基础上，对危险性区划图和易损性区划图进行迭加，迭加的权值可通过德尔菲法、层次分析法等方法得出，这里采用的是等权迭加，综合得出和平广场地段的塌岸灾害风险分布图见图3-16。从图中可以看出：

(1)高风险区主要集中在研究区高程在175m以上地带，约占总面积的21.8%，范围较高危险性区有所缩小，因为有些单元虽然稳定性差，但人类社会经济活动稀少，所以其风险强度不高。高风险区也包含了部分中等危险性区，主要是人口、建筑物分布的影响。高风险区是塌岸灾害的高灾区，从减灾角度出发，是人类活动的重点限制区。

(2)中等风险区主要分布在研究区145～175m水位线之间地段，也有一部分在175m以上地段，约占总面积的24.5%。该区稳定性中等、人类社会经济活动相当集中。该区是塌岸灾

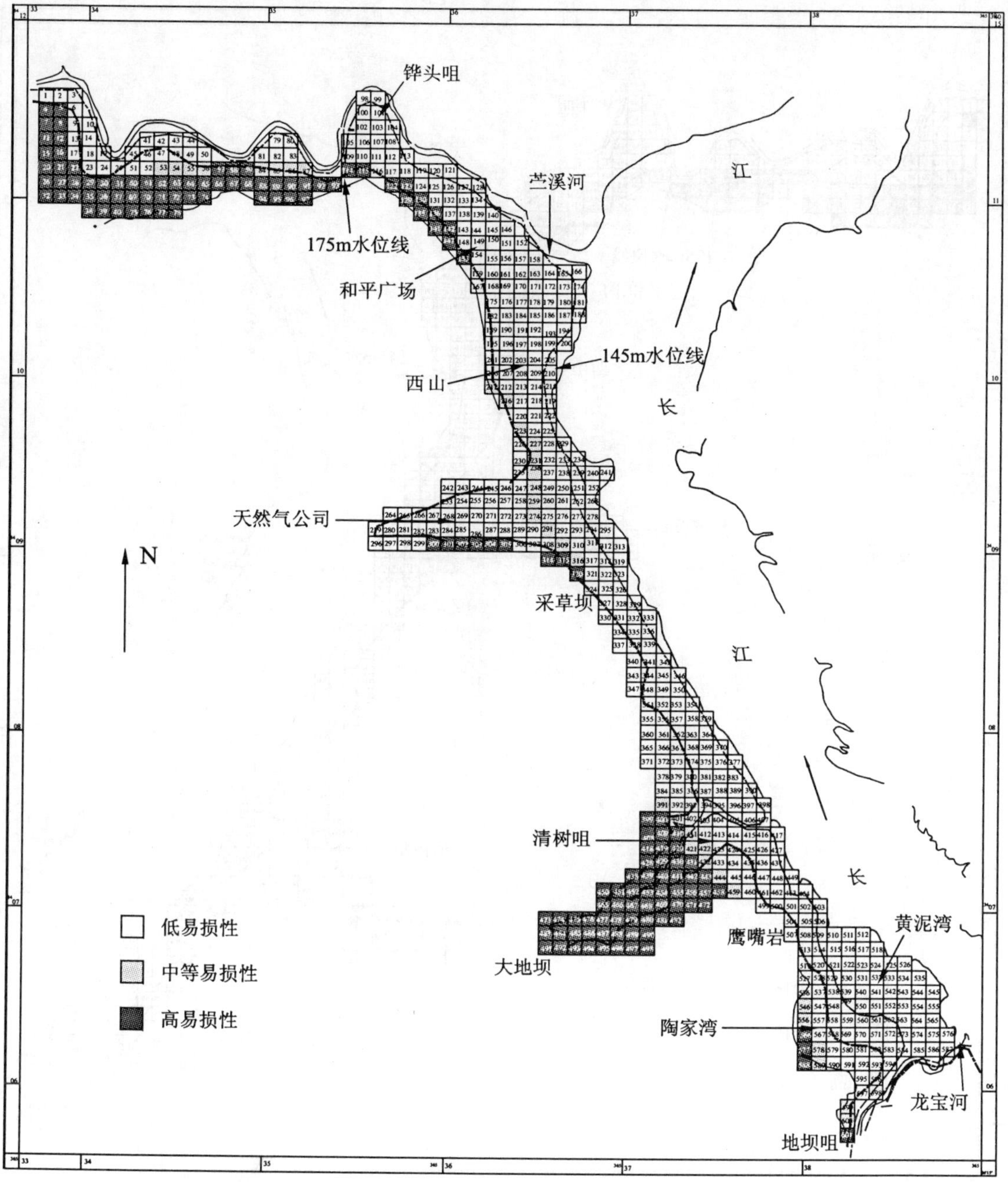

图 3-15 万州区和平广场地段易损性空间预测分布图

害的中等灾害区，是防灾、减灾的重点。鉴于万州区土地资源紧缺的现状，对于高程在 175m 以上地段，可通过采取相应工程措施和非工程措施进行防灾减灾，加以开发利用。在开发利用的同时，一定要注意防范风险。

(3)低风险区主要集中在 175m 水位线以下，有少部分在 175m 水位线以上，约占总面积的 53.7%。对于高程在 175m 以上地段，稳定性程度一般较好，产生塌岸的可能性较低，且为人

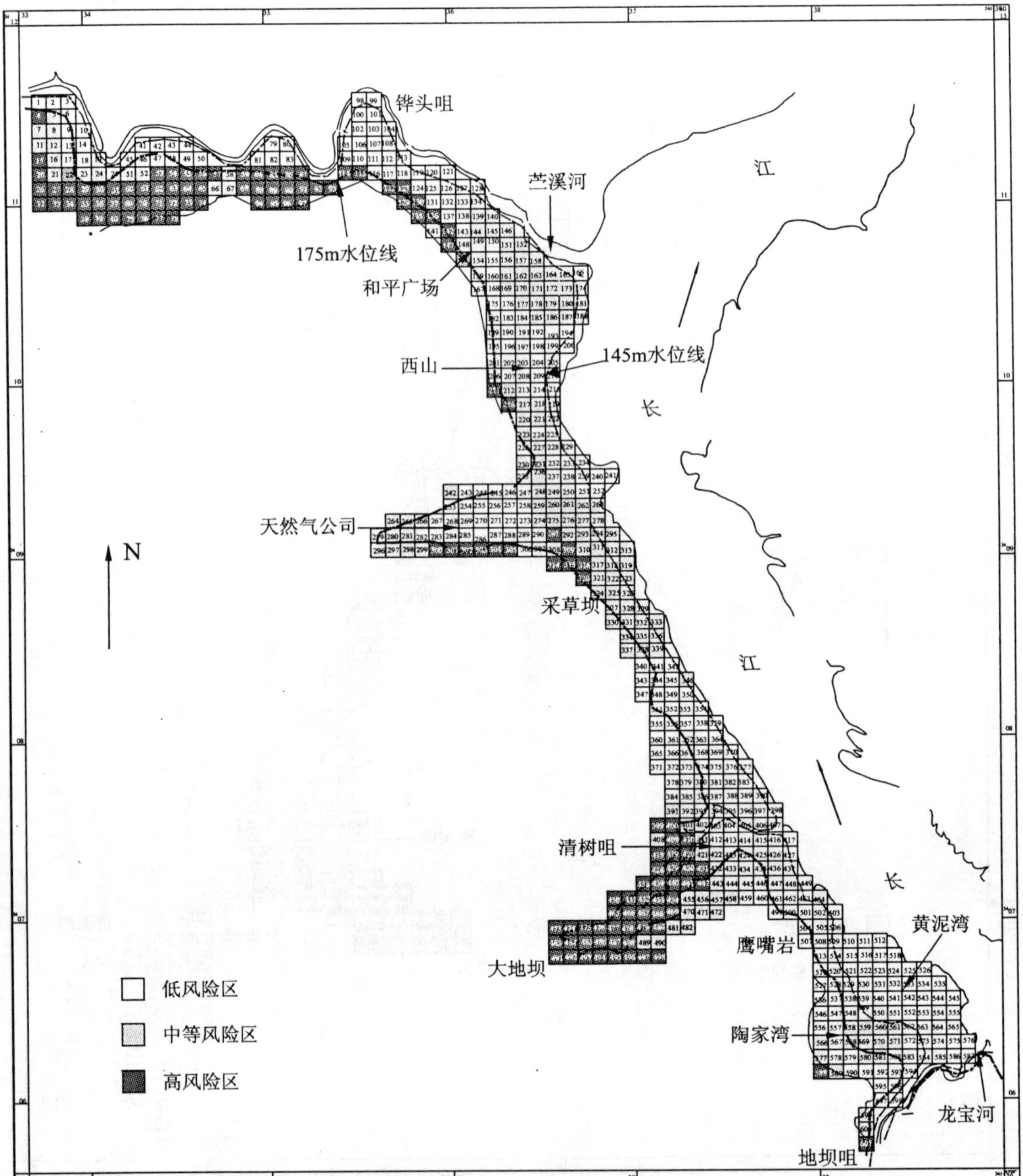

图 3－16　万州区和平广场地段风险强度空间预测分布图

类社会经济活动程度较低区，相对易损性较低。该区是塌岸灾害的低灾区，高程在 175m 以上地段可充分利用。

第四章　岸坡稳定可靠度分析

刚体极限平衡法是对边坡稳定安全度做一笼统的整体分析，但由于其物理概念清楚，计算比较简单明了，应用的经验较多，可以得到一个整体安全度的概念，目前被广泛应用。因此，在本章节可靠度分析研究中，仍以刚体极限平衡法为基础，建立极限状态方程，然后按合适方法计算可靠度指标。

第一节　可靠度分析理论的一般表达式

可靠度是指在规定的时间和规定的条件下完成预定功能的概率，也称可靠概率，表示为 P_S，反之，不能完成预定功能的概率为失效概率，表示为 P_f。

设 $x=(x_1,x_2,\cdots,x_n)$ 为结构基本随机向量，$x_i(i=1,2,\cdots,n)$ 为第 i 个基本随机变量，X 的联合概率密度函数为 $f(x)$，以 $z=g(x)$ 表示状态函数，则

$$Z=g(x)=\begin{cases}<0\ \text{对应于结构的失效状态}\\=0\ \text{对应于结构的极限状态}\\>0\ \text{对应于结构的实效状态}\end{cases}$$

其中 $z=g(x)=0$ 称为极限状态方程，“$Z<0$”的概率为失效概率 P_f。

$$P_f=p\{z<0\}=\int_F f(x)\mathrm{d}x=\underset{(x_1,x_2,\cdots,x_n\in F)}{\iint}\cdots\int f(x_1,x_2,\cdots,x_n)\mathrm{d}x_1\mathrm{d}x_2\cdots\mathrm{d}x_n \tag{4-1}$$

令 $\{x|g(x)<0\}=F$，F 表示失效域。

在工程稳定性概率评价中，破坏概率常用下面两个等价的概率事件来表示，即

$$P_f=P[(R-S)<0]=P\left(\frac{R}{S}<1\right) \tag{4-2}$$

式中：R、S——两个连续的随机变量；

R——抗力随机变量；

S——荷载随机变量。

下面根据状态函数两种不同定义分别讨论破坏概率、可靠度指标和安全系数的表达式。

一、状态函数 $Z(Z=R-S)$

这里 Z 的物理意义是安全储备，这样定义的状态函数是 R 和 S 的线性函数。因 R 和 S 都是随机变量，则 Z 也是随机变量。假定 R 和 S 均服从正态分布，其平均值和标准差分别为 μ_R，μ_S 和 σ_R，σ_S，则功能函数 $Z=R-S$ 也服从正态分布，其平均值和标准差分别为 $\mu_Z=\mu_R-\mu_S$ 及 $\sigma_Z=\sqrt{\sigma_R^2+\sigma_S^2}$。图 4-1 表示随机变量 Z 的概率分布密度曲线，当 $Z>0$ 时，则安全，当 $Z<0$

时,则破坏。$Z<0$ 的概率为破坏概率,即 $P_f=P(Z<0)$,此值等于图中阴影部分面积。由图可见,由原点 O 到均值 σ_Z 可以用标准差 μ_Z 来度量,即 $\mu_Z=\beta\sigma_Z$。显然,β 与 P_f 之间存在一一对应关系,因此 β 和 P_f 一样可以为衡量工程稳定性的一个指标,一般称 β 为可靠指标,有

$$\beta=\frac{\mu_Z}{\sigma_Z} \tag{4-3}$$

此时破坏概率为:

$$P_f=P(Z<0)=\int_{-\infty}^{0}f_Z(Z)\mathrm{d}z \tag{4-4}$$

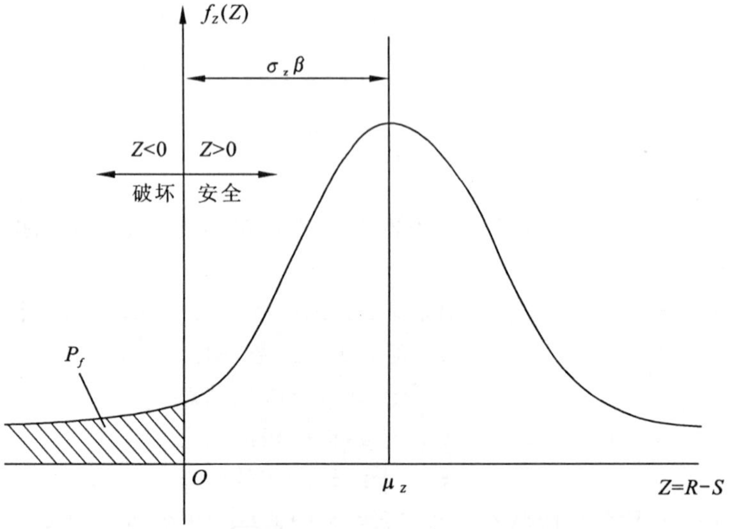

图 4-1　状态函数 $Z=R-S$ 的密度函数

将 Z 标准化,即令 $Z'=\dfrac{Z-\mu_Z}{\sigma_Z}$,则

$$P_f=P\left(\frac{Z-\mu_Z}{\sigma_Z}<\frac{0-\mu_Z}{\sigma_Z}\right)=P\left(Z'<-\frac{\mu_Z}{\sigma_Z}\right) \tag{4-5}$$

若 R 和 S 是正态变量,则 Z 也是正态变量,将 Z 化成标准化正态分布可得:

$$P_f=1-\Phi\left(\frac{\mu_Z}{\sigma_Z}\right)=1-\Phi(\beta)=\Phi(-\beta) \tag{4-6}$$

此时可定义 R 的均值与 S 的均值为中值安全系数 F_0,即

$$F_0=\frac{\mu_R}{\mu_S} \tag{4-7}$$

中值安全系数 F_0 仅与 μ_R,μ_S 有关,与 σ_R,σ_S 无关,而在实际工程岩土体的参数都有一定的变异性,所以仅用 F_0 表示塌岸体稳定的可靠度是不全面的。

二、状态函数 $Z(Z=R/S)$

这里 Z 的物理意义是安全系数,此时 Z 是随机变量,而非一个定值。这样定义的状态函数是非线性的,对状态函数进行泰勒级数展开,求其均值和方差。设状态函数 $Z=g(x_1,x_2,$

$\cdots, x_n)$，则 Z 的标准差 σ_Z 与全微分 dZ 近似相等，即

$$\sigma_Z = dZ = \frac{\partial g}{\partial x_1}\sigma_{x_1} + \frac{\partial g}{\partial x_2}\sigma_{x_2} + \cdots + \frac{\partial g}{\partial x_n}\sigma_{x_n} \tag{4-8}$$

若变量 $x_1, x_2, \cdots, x_n$ 互相独立，则有

$$\sigma_Z^2 = \left(\frac{\partial g}{\partial x_1}\right)^2\sigma_{x_1}^2 + \left(\frac{\partial g}{\partial x_2}\right)^2\sigma_{x_2}^2 + \cdots + \left(\frac{\partial g}{\partial x_n}\right)^2\sigma_{x_n}^2 \tag{4-9}$$

设 R 和 S 相互独立，则状态函数 $Z=g(R,S)=R/S$ 的均值和方差由上式可求得：

$$\left.\begin{aligned} \mu_Z &= \frac{\mu_R}{\mu_S} \\ \sigma_Z &= \frac{\sigma_R^2}{\mu_S^2} + \left(\frac{\sigma_S^2}{\mu_S^2}\right)\mu_R^2 \end{aligned}\right\} \tag{4-10}$$

当 Z 的密度函数 $f_Z(Z)$ 确定后，如图 4-2 所示，此时，破坏概率 $P_f=P(Z<1)=F(1)$。引入标准化标量 $Z'=\dfrac{Z-\mu_Z}{\sigma_Z}$，则得：

$$P_f = F_{Z'}\left(1-\frac{\mu_Z}{\sigma_Z}\right) = F_{Z'}\left(\frac{\mu_Z-1}{\sigma_Z}\right) = F_{Z'}(-\beta) \tag{4-11}$$

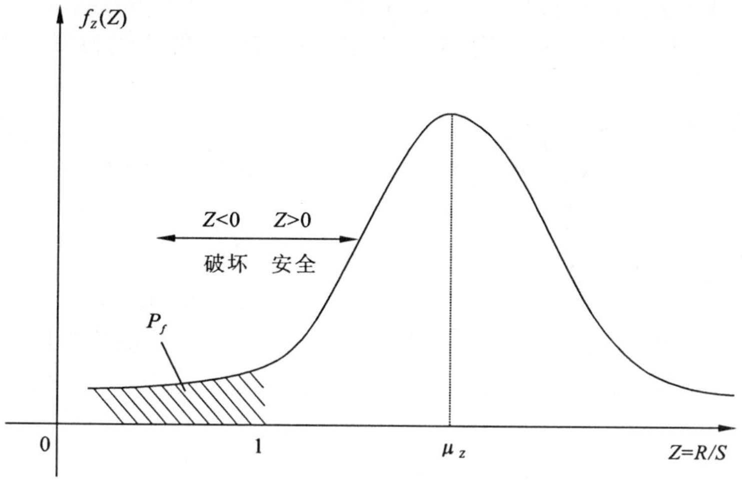

图 4-2　状态函数 $Z=R/S$ 的密度函数

这里可靠指标 β 为：

$$\beta = \frac{\mu_Z - 1}{\sigma_Z} \tag{4-12}$$

第二节　可靠度分析方法

常用于可靠度分析的具体方法主要有 Monte Carlo 法、一次二阶矩法、Rosenblueth 方法等。其中，一次二阶矩法(The first - order second - moment, FOSM)是将抗力和荷载效应作为随机变量(随机过程)，按给定的概率分布来估计失效概率或可靠指标，采用平均值和标准差

两个统计参数，对设计表达式作线性化处理。一次二阶矩法按随机变量的分布分为两种情况：

(1)不考虑随机变量的实际分布，假定它服从正态分布或对数正态分布，导出可靠度的解析表达式。由于分析时采用了泰勒级数在平均值(即中心点处)展开，故简称为中心点法。

(2)考虑随机变量的实际分布，将非正态分布变量正态化，在设计验算点作迭代，计算可靠度、破坏概率，故称验算点。此方法已由国际结构安全度委员会所推荐，也称 JC 法。

下面分别介绍 Monte Carlo 模拟法、中心点法、验算点法和 Rosenblueth 方法。

一、Monte Carlo 模拟法

(一)基本原理

Monte Carlo 模拟起源于"二战"期间，Von Neuman 与 Ulam 在对裂变物质的中子随机扩散进行直接模拟中，以世界著名的赌城——Monte Carlo(蒙特卡洛)作为该项研究的秘密称呼而得名。它是一种依据统计抽样理论，利用电子计算机研究随机变量的数值计算方法。

利用该方法可以根据某一随机变量抽样统计出的概率分布形式，利用一定的随机数生成方法，生成其概率分布形式与该随机变量的分布形式相似或平行的随机数序列，它实际上是抽样统计的逆过程。

具体到岸坡稳定性分析的问题中，影响斜坡稳定性的诸因素亦为随机变量，它们直接反映岸坡岩土体结构、塌岸模式和受力状况等，可以定义状态函数的形式为安全系数，则可以建立如下的状态函数：

$$Z = R/S = F(x_1, x_2, \cdots, x_m) \tag{4-13}$$

式中：$x_1, x_2, \cdots, x_m$ 分别为容重、内聚力、内摩擦角等随机变量，它们具有一定的分布(大多数服从正态分布或对数正态分布)，其统计值已知。

可以从各个状态变量 $x_i(i=1,2,\cdots,m)$ 的母体中随机地抽取一个具有相同分布的变量 $x'_i(i=1,2,\cdots,m)$，由状态方程(4-13)可求出一个安全系数的随机样本 Z'。如此重复，直至达到预期精度的充分次数 N，就可得到 N 个相对独立的安全系数的样本值 $Z_1, Z_2, \cdots, Z_N$。安全系数所表征的极限状态为 $Z=1$，在这 N 次随机实验中，出现 $Z \leqslant 1$ 的次数为 M，由此可以得到直接由 Monte Carlo 模拟法计算的岸坡破坏概率，有

$$P_f = \frac{M}{N} \tag{4-14}$$

显然当 N 足够大时，由安全系数的统计样本值 $Z_1, Z_2, \cdots, Z_N$ 可以较精确地拟合安全系数的概率分布，并估计其分布参数，其均值和标准差分别为：

$$\begin{aligned} \mu_Z &= \frac{1}{N}\sum_{i=1}^{N} Z_i \\ \sigma_Z &= \left[\frac{1}{N-1}\sum_{i=1}^{N}(Z_i - \mu_Z)^2\right]^{\frac{1}{2}} \end{aligned} \tag{4-15}$$

由状态函数的均值和标准差，根据其拟合的理论分布，通过积分法求得破坏概率。如设状态函数为标准正态分布，则岸坡稳定性的可靠指标为：

$$\beta = \frac{\mu_Z}{\sigma_Z} \tag{4-16}$$

破坏概率为

$$P_f = 1 - \Phi(\beta) \tag{4-17}$$

式中：$\Phi(\beta)$——标准正态分布函数。

(二)误差估计

由于 Monte Carlo 模拟的每次随机抽样是完全独立的，也就是说其抽样试验为伯努利试验，所以 P_f 的期望值为：

$$E(P_f) = \frac{M}{N} = p \tag{4-18}$$

P_f 的标准差为：

$$\sigma_{P_f} = \sqrt{\frac{p(1-p)}{N}} \tag{4-19}$$

在实际模拟中，可用计算的 P_f 作为 p 的估计值，则

$$\hat{\sigma}_{P_f} = \sqrt{\frac{P_f(1-P_f)}{N}} \tag{4-20}$$

当试验次数 N 充分大时($N \geqslant 50$)，由中心极限定律可知 $\frac{P_f - p}{\sigma_{P_f}}$ 服从标准正态分布 $N(0,1)$，则显著水平为 α 的置信区间为：

$$\left|\frac{P_f - p}{\sigma_{P_f}}\right| \leqslant t_{\frac{\alpha}{2}} \tag{4-21}$$

其中，$t_{\frac{\alpha}{2}}$ 为 $N(0,1)$ 的百分位值，满足下式

$$t_{\frac{\alpha}{2}} = 1 - \frac{1}{\sqrt{2\pi}}\int_{-\infty}^{\alpha/2} e^{-\frac{t^2}{2}}\mathrm{d}t \tag{4-22}$$

由式(4-19)可得 P_f 与 p 的绝对误差 ε

$$\varepsilon = |P_f - p| \leqslant t_{\frac{\alpha}{2}} \cdot \sigma_{P_f} \approx t_{\frac{\alpha}{2}}\sqrt{\frac{P_f(1-P_f)}{N}} \tag{4-23}$$

相对误差为：

$$\frac{\varepsilon}{p} = \left|\frac{P_f - p}{p}\right| \leqslant \frac{t_{\frac{\alpha}{2}} \cdot \sigma_{P_f}}{p} \approx t_{\frac{\alpha}{2}}\sqrt{\frac{1-P_f}{N}} \tag{4-24}$$

由式(4-23)可知，随着模拟次数 N 的增加，误差 ε 减小，逐渐趋于收敛，直至满足 $\varepsilon \leqslant \varepsilon_0$，可求出给定精度要求的随机模拟解。

(三)分析步骤

利用 Monte Carlo 模拟法进行可靠度分析的主要步骤如下：

(1)在详细分析岸坡岩土体结构、几何形状等的基础上，确定塌岸稳定性分析剖面，选择合适的塌岸模式；

(2)输入各变量的概率分布类型(函数)和分布参数；

(3)确定最危险破坏面；

(4)根据随机变量的分布函数，随机抽取并产生同一分布随机数($x_1, x_2, \cdots, x_m$)；

(5)由状态函数 $Z = F(x_1, x_2, \cdots, x_m)$ 计算安全系数，得到安全系数的一个样本值；

(6)重复(4)和(5)，直至达到满足精度要求的模拟次数 N，如此得到特定分析剖面、特定条件下安全系数的 N 个样本值；

(7)对 N 个样本值拟合并检验其概率分布，估计其均值和标准差，统计安全系数小于 1 的样本数 M；

(8)计算破坏概率、可靠指标和中值安全系数。

(四)随机数生成方法

在 Monte Carlo 随机模拟过程中，一个重要的任务是生成满足于一定概率分布的随机数。现在一般采用数学的方法，即通过电子计算机编程计算来产生随机数，由于通过这种方式生成的随机数之间或多或少都有些联系，所以，它产生的不是真正意义上的随机数，一般称为准随机数或者伪随机数。尽管如此，如果选取合适的初值与计算参数，一般情况下可以满足随机数的均匀性和独立性要求。

用数学方法产生随机数常用的具体方法有平方取中法、位移指令加法与同余法(包括乘同余法、加同余法和混合同余法)等。其中，以同余法中的乘同余法应用最为广泛，其递推公式为

$$\begin{aligned} x_i &= a x_{i-1} \\ u_i &= x_i / M \quad (i = 1,2,\cdots;M\text{ 为模数}) \end{aligned} \tag{4-25}$$

式中：a——乘子；

x_0——种子；

M——模数。

利用上述方法生成在区间(0,1)上均匀分布的随机数序列($x_1,x_2,\cdots,x_i,\cdots$)后，通过抽样可以进一步得到服从分布形式 $p(t)$ 的随机变量序列($t_1,t_2,\cdots,t_i,\cdots$)。下面是几种常用的分布形式的抽样表达式。

1. 负指数分布

负指数分布的抽样表达式为：

$$t = -\frac{1}{\lambda}\ln(1-x) \tag{4-26}$$

2. 正态分布

对于一般正态分布难以确定出具体的抽样表达式，通常依照 Box 与 Muller(1958)提出的方法，先确定标准正态分布的抽样公式，在此基础上，通过线性变换再得到一般的正态分布抽样公式。

Box 与 Muller 经验证指出，若 x_1 与 x_2 是一对独立的均匀分布随机数，按下式计算得到一对独立的服从正态分布的随机数。

$$\begin{cases} t_1^s = \sqrt{-2\ln x_1}\cos 2\pi x_2 \\ t_2^s = \sqrt{-2\ln x_1}\sin 2\pi x_2 \end{cases} \tag{4-27}$$

求出 t_1^s、t_2^s 后，根据下式进行线性变换就可以得到服从一般正态分布的随机数 t_i。

$$t_i = \mu + \sigma t_i^s \tag{4-28}$$

3. 对数正态分布

得到正态分布的随机数 t_i 后，根据下式进行变换就可以得到服从对数正态分布的随机数 t_i^*。

$$t_i^* = e^{t_i} \tag{4-29}$$

二、中心点法

中心点法是由 Conell C. A. (1969)，Rosenblueth E. 和 Estra L. (1972)等人提出和完善的统计方法。该方法的基本思想是：假定随机变量服从正态分布或对数正态分布，利用泰勒级数将状态函数在平均值处展开，并取一次项，对状态函数进行线性化处理，导出可靠度的解析表达式。

设状态函数为 $Z = g(x_1, x_2, \cdots, x_n)$，$x_1, x_2, \cdots, x_n$ 为随机变量，将函数 $g(x_1, x_2, \cdots, x_n)$ 按均值 $\mu_{x_1}, \mu_{x_2}, \cdots, \mu_{x_n}$ 展开泰勒级数

$$Z = g(\mu_{x_1}, \mu_{x_2}, \cdots, \mu_{x_n}) + \sum_{i=1}^{n}(x_i - \mu_{x_i})\frac{\partial g}{\partial x_i} + \frac{1}{2}\sum_{i=1}^{n}\sum_{j=1}^{n}(x_i - \mu_{x_i})(x_j - \mu_{x_j})\frac{\partial^2 g}{\partial x_i \partial x_j} \tag{4-30}$$

上式中各偏导数均在均值处取值。

取级数的线性项，得 Z 的一次近似均值和方差

$$\begin{aligned} &\mu_Z \approx g(u_{x_1}, \mu_{x_2}, \cdots, \mu_{x_n}) \\ &\sigma_Z^2 \approx \sum_{i=1}^{n}\left(\frac{\partial g}{\partial x_i}\right)^2 \sigma_{x_i}^2 + \sum_{i=1}^{n}\sum_{j=1}^{n}\mathrm{cov}(x_i, x_j) \times \left(\frac{\partial g}{\partial x_i}\right)\left(\frac{\partial g}{\partial x_j}\right)(i \neq j) \end{aligned} \tag{4-31}$$

如果 $x_1, x_2, \cdots, x_n$ 均不相关，则上式可简化为：

$$\sigma_Z^2 \approx \sum_{i=1}^{n}\left(\frac{\partial g}{\partial x_i}\right)^2 \sigma_{x_i}^2 \tag{4-32}$$

求出 μ_Z 和 σ_Z 后，即可计算可靠指标 β 和破坏概率 P_f。

中心点法特别适用于状态函数为 $F(x_1, x_2, \cdots, x_n) = R - S$ 的形式，这种形式对 R、S 呈线性状态，这样状态函数对随机变量的偏导易于计算，从而容易得出状态函数的均值和方差，由此计算出破坏概率和可靠度指标。

当采用稳定安全系数 $F = R/S$ 作为状态函数时，特别是在 Bishop 方法、传递系数法等常用的斜坡稳定性的分析方法中，稳定安全系数不再是随机变量的线性函数，而且有时所含随机变量可能以隐式形式存在，在这种情况下，要寻求状态函数对随机变量的偏导计算的新方法。

三、验算点法

在实际工程中，状态函数不一定是线性的，状态函数的基本变量也不一定都服从正态或对数正态分布，为此 Rackwitz R. 和 Fiessler B. 提出了当量正态变量模型，并把极限状态函数推广到非线性的更一般情况，这就是改进的二阶矩理论，也称验算点法。

对于包含多个相互独立的正态基本变量 $X_1, X_2, \cdots, X_n$ 的极限状态方程为：

$$Z = g(X_1, X_2, \cdots, X_n) = 0$$

引入标准化变量

$$x_i = \frac{X_i - \mu_{X_i}}{\sigma_{X_i}} \quad (i = 1, 2, \cdots, n)$$

在标准正态空间，极限状态方程变为：

$$Z = g(x_1\sigma_{x_1} + \mu_{x_1},\ x_2\sigma_{x_2} + \mu_{x_2},\ \cdots,\ x_n\sigma_{x_n} + \mu_{x_n}) \tag{4-33}$$

式(4－31)表示一个非线性极限状态面，原点 O 到该极限状态曲面的最短距离$\overline{OP^*}$ 即为可靠度指标β值。将式(4-31)在点 P^* 展开泰勒级数，并取其线性项，可得过点 P^* 极限状态面的切平面，用来近似代替非线性极限状态面，有

$$g(X_1,X_2,\cdots,X_n)\approx g(X_1^*,X_2^*,\cdots,X_n^*)+\sum_{i=1}^{n}\left(\frac{\partial g}{\partial X_i}\right)_*\cdot(X_i-X_i^*)=0 \tag{4-34}$$

而

$$X_i-X_i^*=x_i\sigma_{X_i}+\mu_{X_i}-(x_i^*\sigma_{X_i}+\mu_{X_i})=\sigma_{X_i}(x_i-x_i^*)$$
$$\frac{\partial g}{\partial X_i}=\frac{\partial g}{\partial x_i}\cdot\left(\frac{dx_i}{dX_i}\right)=\frac{1}{\sigma_{X_i}}\cdot\frac{\partial g}{\partial x_i} \tag{4-35}$$

又，P^* 点在极限状态面上，有

$$g(X_1^*,X_2^*,\cdots,X_n^*)=0$$

所以过点 P^* 极限状态面的切平面方程为：

$$\sum_{i=1}^{n}\left(\frac{\partial g}{\partial x_i}\right)_*\cdot(x_i-x_i^*)=\sum_{i=1}^{n}\left(\frac{\partial g}{\partial x_i}\right)_*\cdot x_i-\sum_{i=1}^{n}\left(\frac{\partial g}{\partial x_i}\right)_*\cdot x_i^*=0 \tag{4-36}$$

将式(4－36)两端同除以法线化因子 $\left[\sum_{i=1}^{n}\left(\frac{\partial g}{\partial x_i}\right)_*^2\right]^{\frac{1}{2}}$，得

$$\frac{\sum_{i=1}^{n}\left(\frac{\partial g}{\partial x_i}\right)_*\cdot x_i}{\left[\sum_{i=1}^{n}\left(\frac{\partial g}{\partial x_i}\right)_*^2\right]^{\frac{1}{2}}}+\frac{\sum_{i=1}^{n}\left(\frac{\partial g}{\partial x_i}\right)_*\cdot x_i^*}{\left[\sum_{i=1}^{n}\left(\frac{\partial g}{\partial X_i}\right)_*^2\right]^{\frac{1}{2}}}=0 \tag{4-37}$$

极限状态面上到原点最小距离的点是最可能的破坏点，因此可用最短距离来度量可靠度。式(4－37)中常数项的绝对值为法线长，即原点到切平面的最短距离，也就是可靠度指标 β:

$$\beta=\frac{-\sum_{i=1}^{n}\left(\frac{\partial g}{\partial x_i}\right)_*\cdot x_i^*}{\left[\sum_{i=1}^{n}\left(\frac{\partial g}{\partial x_i}\right)_*^2\right]^{\frac{1}{2}}}=\frac{-\sum_{i=1}^{n}\left(\frac{\partial g}{\partial X_i}\right)_*\cdot(X_i^*-\mu_{X_i})}{\left[\sum_{i=1}^{n}\left(\left(\frac{\partial g}{\partial X_i}\right)_*\sigma_{X_i}\right)^2\right]^{\frac{1}{2}}} \tag{4-38}$$

式(4－38)中 x_i 的系数为方向余弦，即

$$\alpha_i=\frac{\left(\frac{\partial g}{\partial x_i}\right)_*}{\left[\sum_{i=1}^{n}\left(\frac{\partial g}{\partial x_i}\right)_*^2\right]^{\frac{1}{2}}}=\frac{\left(\frac{\partial g}{\partial X_i}\right)_*\cdot\sigma_{X_i}}{\left[\sum_{i=1}^{n}\left(\left(\frac{\partial g}{\partial X_i}\right)_*\sigma_{X_i}\right)^2\right]^{\frac{1}{2}}} \tag{4-39}$$

由于验算点和 β 皆为未知，须用迭代法计算，计算流程如图 4－3 所示。

与中心点法一样，验算点法特别适用于状态函数为 $F(x_1,x_2,\cdots,x_n)=R-S$ 的形式。因为这种形式对 R、S 呈线性状态，这样状态函数对随机变量的偏导易于计算，从而容易得出状态函数的均值和方差，由此计算出破坏概率和可靠度指标。

四、统计矩法

统计矩法的基本数学工具是 Rosenblueth E. 于 1975 年提出的统计矩点估计方法，故又称

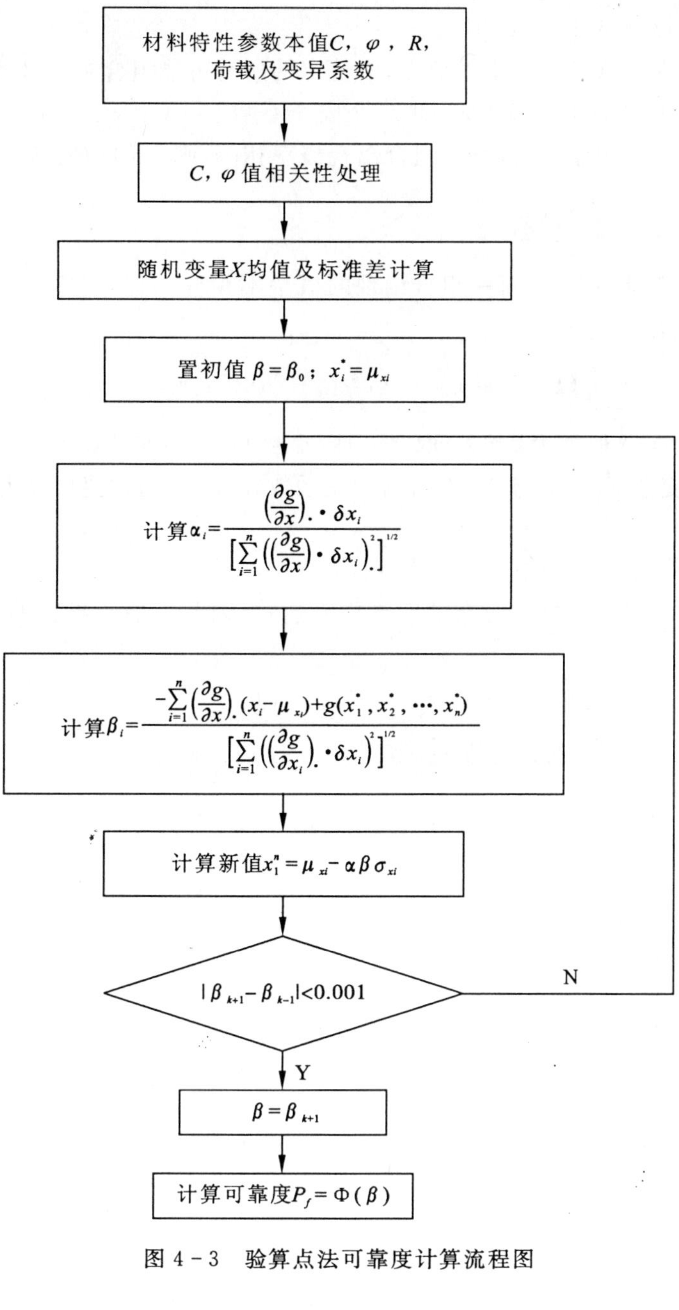

图 4-3　验算点法可靠度计算流程图

Rosenblueth 法，该方法于 20 世纪 80 年代应用于工程的结构可靠度分析。这是一种近似方法，当各状态变量的概率分布为未知时，只要利用它们的均值和方差，就可以求得状态函数的一阶矩(均值)、二阶矩(方差)、以及三、四阶矩，从而求得岩土工程的可靠指标，并进一步在假设状态函数值的概率分布下求得其破坏概率。

在状态变量 $X_i(i=1,2,\cdots,n)$ 的分布函数未知情况下，无须考察 X_i 的变化状态，只在区间$(x_{\min},x_{\max})$上分别对称地选择其两个取值点，例如均值 μ_{X_i} 的正负一个标准差 σ_{X_i}，即

$$\begin{cases} x_{i1} = \mu_{X_i} + \sigma_{X_i} \\ x_{i1} = \mu_{X_i} - \sigma_{X_i} \end{cases} \tag{4-40}$$

对于 n 个状态变量，可有 $2n$ 个取值点，取值点的所有可能组合则有 2^n 个，在 2^n 个组合下，可根据状态方程求得 2^n 个状态函数 Z，即 2^n 个安全系数。

如果 n 个状态变量相互独立，每一组合出现概率相等，则 Z 的均值估计为：

$$\mu_Z = \frac{1}{2^n}\sum_{j=1}^{2^n} Z_j \tag{4-41}$$

如果 n 个状态变量相关，且每一组合出现的概率不相等，则其概率值 p_j 的大小取决于变量间相关系数 ρ，且有

$$p_j = \frac{1}{2^n}(1 + e_1 e_2 \rho_{1,2} + e_1 e_3 \rho_{1,3} + \cdots + e_2 e_3 \rho_{2,3} + \cdots + e_{n-1} e_n \rho_{n-1,n}) \tag{4-42}$$

式中：$e_i(i = 1,2,\cdots,n)$ 取值为：当 X_i 取 X_{i1} 时，$e_i = 1$；当 X_i 取 X_{i2} 时，$e_i = -1$。

$\rho_{i-1,i}$ 为状态变量 $X_i - 1$ 与 X_i 之间的相关系数，所以 Z 的均值估计为：

$$\mu_Z = \sum_{j=1}^{2^n} p_j Z_j \tag{4-43}$$

如此可推导出状态函数概率分布的四阶矩表达式，因此可估计出它的概率分布空间形态和位置。

（一）一阶矩 M_1

随机变量 Z 的一阶矩，也称均值 μ_Z，其定义为：

$$M_1 = E(Z) = \mu_Z = \int_{-\infty}^{\infty} z f(z)\mathrm{d}z \tag{4-44}$$

其点估计式为：

$$M_1 = E(Z) = \mu_Z \sum_{j=1}^{2^n} p_j Z_j \tag{4-45}$$

（二）二阶中心矩 M_2

随机变量 Z 的二阶中心矩，也称方差 σ_Z^2，其定义为：

$$M_2 = E(Z - \mu_Z)^2 = \int_{-\infty}^{\infty} (z - \mu_Z)^2 f(z)\mathrm{d}z \tag{4-46}$$

其点估计式为：

$$M_2 = E(Z - \mu_Z)^2 = \sigma_Z^2 = \sum_{j=1}^{2^n} p_j Z_j^2 - \mu_Z^2 \tag{4-47}$$

（三）三阶中心矩 M_3

随机变量 Z 的三阶中心矩的定义为：

$$M_3 = E(Z - \mu_Z)^3 = E(Z^3) - 3\mu_Z E(Z^2) - 2\mu_Z^3 \tag{4-48}$$

其点估计式为：

$$M_3 = \sum_{j=1}^{2^n} p_j Z_j^3 - 3\mu_Z \sum_{j=1}^{2^n} p_j Z_j^2 + 2\mu_Z^3 \tag{4-49}$$

(四)四阶中心矩 M_4

随机变量 Z 的四阶中心矩的定义为：

$$M_4 = E(Z - \mu_Z)^4 \tag{4-50}$$

其点估计式为：

$$M_4 = \sum_{j=1}^{2^n} p_j Z_j^4 - 4\mu_Z M_3 - 6\mu_Z^2 M_2 - 4\mu_Z^4 \tag{4-51}$$

由上述状态函数的一阶矩、二阶矩、三阶矩和四阶矩，可得到反映 Z 分布形态的统计参数，有

(1) 均值 μ：$\mu = M_1$ 反映 Z 的平均值。

(2) 变异系数 δ：$\delta = \sqrt{M_2}/M_1$ 反映 Z 的离散程度。

(3) 偏态系数 α_1：$\alpha_1 = M_3/M_2^{3/2}$ 反映 Z 分布的对称性和偏倚方向。

(4) 峰度系数 α_2：$\alpha_2 = M_4/M_2^2$ 反映 Z 分布的突起程度。

若定义状态函数为安全系数，且假定其服从正态或对数正态分布，在求出状态函数的均值和方差后，就可用公式(4－11)和式(4－12)求出塌岸体稳定性的可靠度指标 β 和破坏概率 P_f。

第三节　库岸体稳定性可靠度分析

一、库岸体稳定性的影响因素分析

以三峡工程库区塌岸防治工程为研究对象，综合分析库区岸坡的地质环境条件，结合三峡水库的运行方式，认为影响岸坡稳定性的因素主要包括库水位、岩土结构、岸坡形态及其他因素。

(一)库岸水位影响

三峡水库蓄水后，将使岸坡区环境条件产生巨大变化，这些变化包括：由于受库水长期浸泡后，在岸坡坡脚几十米范围内，原来处于干燥或湿润状态的岸坡岩土体，成为饱水状态，使岩土体原有结构、强度及承载能力显著降低；水库运行调度，每年11月至次年4月处于175m的最高水位运行阶段，每年7～9月在防洪限制水位145m运行，水位变幅呈秋冬季节高，春夏季节低，而且每年经历一次从175m→145m→175m的变化过程和变幅。水位往复变动的结果对岸坡岩土体影响极大，首先使岩土体长期经受饱水、失水、再饱水的变化过程，某些土体产生失水收缩干裂、浸水崩解甚至膨胀的恶化影响。

地下水位产生显著变化，包括地下水位大幅度抬升及强烈波动，特别是由175m降至145m的过程中，使岸坡岩土体动水压力显著增大，对岸坡稳定性极为不利。

其次，库水产生波浪作用是岸坡再造的主要动力，波浪将对岸坡岩土体产生侵蚀作用，三峡水库蓄水后，形成大的湖面，波浪强度将大大强于天然江水波浪作用。

(二)岩土结构

岩石和土体性质的差异以及岩土组合结构的不同，对岸坡的稳定性影响程度和方式不同。考虑到岩土强度的差别，可将岸坡分为岩质、土质及岩土混合三大类。岩质岸坡又按砂岩及泥

岩分为两大类，再考虑岩层产状与岸坡关系分为顺向结构坡(岩层倾向与坡面倾向一致或两者夹角小于 10°)及斜交或反向结构坡，然后再按砂、泥岩的组合关系分为若干亚类。土质岸坡主要将土体划分为三类，即粘土、粘土含碎石、块石混杂粘土。岩、土混合型岸坡，主要考虑上部土体与下部岩体类型的不同分为若干组合。

三峡岸坡岩土体主要是粘土或含碎块石粘土，以及块石混杂粘土，一般处于干燥或稍湿状态，其中残积土具有一定的固结，有一定的整体强度，尤其是 Q_3 以前时期形成的粘土抗水能力相对较强。库水不易向内部渗入，对于土层厚度不大的岸坡其破坏性主要是坡面浅部。坡积或崩坡积块石混杂粘土，其形成时期都较晚，高空隙性、固结程度低、整体强度低，江水对其影响较大，极易产生整体滑动失稳或大强度剥蚀崩落，岸坡再造强度大、速度快，是最不利的地质结构体。

由粘土岩及粉砂岩组成的岩质岸坡，因粘土岩有失水崩解、快速风化的特点，库水将使之长期侵蚀、剥落，不断破坏，岸坡后退，但其破坏强度和速度较之土石体小得多。

对于裂隙较发育的岩体及顺向结构坡的岩层，库水作用强度降低，同时产生巨大的动水压力，尤其高陡岸坡带、风化卸荷带内岩体，极易产生崩塌或滑动破坏，产生岸坡再造。

(三)岸坡形态

岸坡形态包括岸坡的坡度、坡高及坡形等，它引起波浪的驻波、消能等作用。一般而言，坡度、坡高越大，坡形越不规则，越不利于岸坡稳定性。该地区天然岸坡坡度除个别台地、阶地或缓坡地外，一般均大于水位和水位变动带内斜坡的稳定坡角，总体来看，大范围的岸坡再造是不可避免的。应特别注意覆盖层较厚、地形坡度较大、坡高较大的岸坡，届时可能产生较强烈的岸坡再造作用，结果使塌岸地带达到较大的范围。

(四)其他因素

岸坡植被、坡脚堆积物、岩体风化程度、风力作用、人类活动、地震等，都将影响岸坡再造。植被及坡脚堆积体将有利于固坡、护脚、消能等作用，有利于岸坡稳定性。江面开阔，特殊的风口地带将大大增强岸坡波浪高度，对岸坡产生较强的破坏作用。人类活动如排水、岸边加载、开挖改造等都将不利于岸坡稳定性。

二、刚体极限平衡状态方程

刚体极限平衡理论虽然是最古老、经典的确定性方法，但是该方法具有模型简单，计算公式简洁，物理概念明确，可以解决各种复杂剖面形状，能考虑各种荷载形式的优点，而且还有与之配套的长期工程经验积累的安全判定标准，能被工程设计人员快速的接受，所以得到了广泛的应用和逐步的完善，是工程应用最广泛的确定斜坡稳定性的评价方法。本节采用《长江三峡工程水库区——崩塌与滑坡治理工程地质勘察技术要求(试行)》(2003)中建议的滑坡稳定性计算刚体极限平衡公式如下。

(一)堆积层(土质)滑坡

1. *滑动面为平面或圆弧形*

计算模型如图 4-4 所示，滑坡稳定性系数 F 为：

$$F=\frac{\sum((W_i(\cos\alpha_i-A\sin\alpha_i)-N_{wi}-R_{Di})\tan\varphi_i+c_iL_i)}{\sum(W_i(\sin\alpha_i+A\cos\alpha_i)+T_{Di})} \tag{4-52}$$

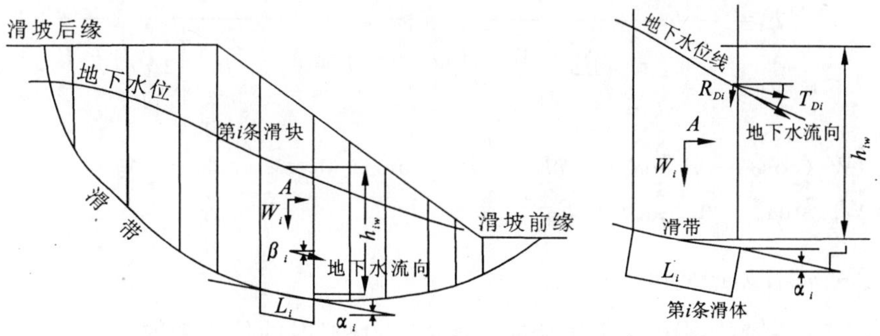

图 4-4　滑坡条分法计算模型

式中：N_{wi}——孔隙水压力，近似等于浸润面以下土体的面积乘以水的容重(kN/m^3)，有 $N_{wi}=\gamma_w h_{iw} L_i$；

T_{Di}——渗透压力产生的平行滑面的分力：$T_{Di}=\gamma_w h_{iw} L_i \tan\beta_i \cos(\alpha_i-\beta_i)$；

R_{Di}——渗透压力产生的垂直滑面的分力：$R_{Di}=\gamma_w h_{iw} L_i \tan\beta_i \sin(\alpha_i-\beta_i)$；

W_i——第 i 条块的重量(kN/m)；

c_i——第 i 条块内聚力(kPa)；

φ_i——第 i 条块内摩擦角(°)；

L_i——第 i 条块滑面长度(m)；

α_i——第 i 条块滑面倾角(°)；

β_i——第 i 条块地下水流向与水平方向夹角(°)；

A——地震加速度(重力加速度 g)；

F——稳定性系数。

2. 滑动面为折线形

计算模型如图 4-5 所示，滑坡稳定性系数 F 为：

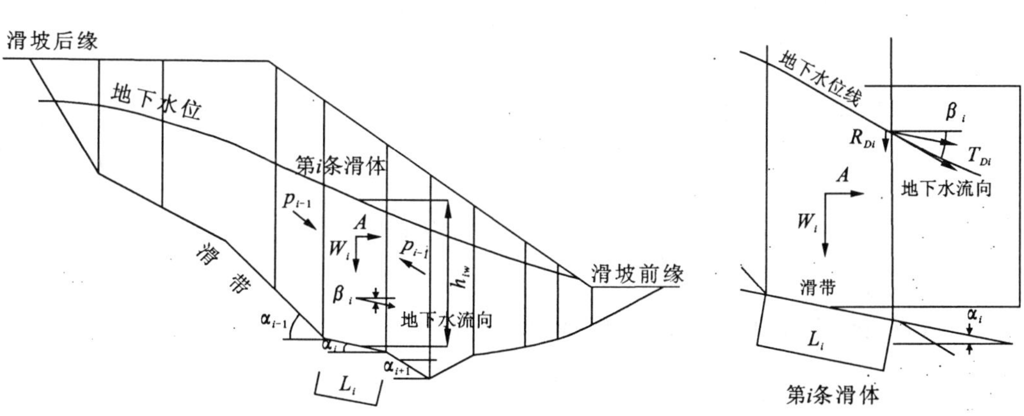

图 4-5　滑坡传递系数法计算模型

$$F=\frac{\sum_{i=1}^{n-1}((W_i(\cos\alpha_i-A\sin\alpha_i)-N_{wi}-R_{Di})\tan\varphi_i+c_iL_i)\prod_{j=i}^{n-1}\psi_i+R_n}{\sum_{i=1}^{n-1}((W_i(\sin\alpha_i+A\cos\alpha_i)+T_{Di})\prod_{j=i}^{n-1}\psi_j)+T_n}\tag{4-53}$$

式中：$R_n=(W_n(\cos\alpha_n-A\sin\alpha_n)-N_{wn}-R_{Dn})\tan\varphi_n+c_nL_n$

$T_n=W_n(\sin\alpha_n-A\cos\alpha_n)+T_{Dn}$

$\prod_{j=i}^{n-1}\psi_j=\psi_i\psi_{i+1}\psi_{i+2}\cdots\cdots\psi_{n-1}$

ψ_j—— 第 i 块段的剩余下滑力传递至第 $i+1$ 块段时的传递系数（$j=i$），有

$$\psi_j=\cos(\alpha_i-\alpha_{i+1})-\sin(\alpha_i-\alpha_{i+1})\tan\phi_{i+1}$$

其余注释同上。

（二）岩质滑坡

计算模型如图 4-6 所示，滑坡稳定性系数 F 为：

$$F=\frac{(W(\cos\alpha-A\sin\alpha)-V\sin\alpha-U)\tan\varphi+CL}{W(\sin\alpha+A\cos\alpha)+V\cos\alpha}\tag{4-54}$$

式中：V—— 后缘裂缝静水压力，有 $V=\frac{1}{2}\gamma_W H^2$；

U—— 沿滑面扬压力，有 $U=\frac{1}{2}\gamma_W LH$；

其余注释同上。

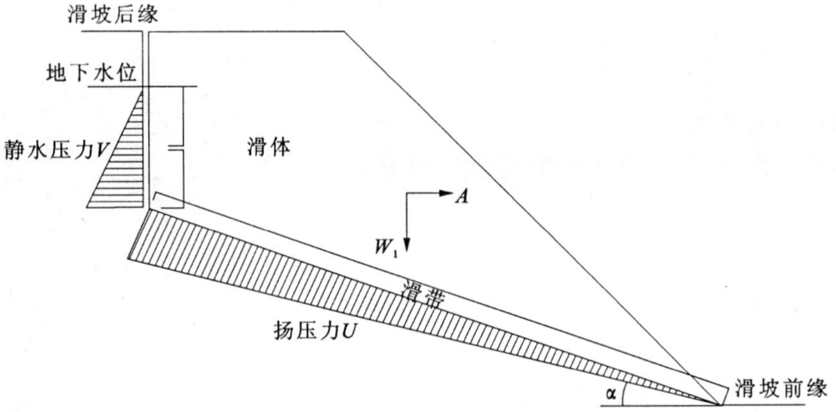

图 4-6　岩质滑坡计算模型（极限平衡法）

三、用函数连分式渐近法计算偏导数

当采用稳定安全系数 $F=R/S$ 作为状态函数时，因为稳定安全系数一般不是随机变量的线性函数，而且所含随机变量有可能以隐式形式存在，这时，无法直接求解状态函数对随机变量的偏导数。下面介绍的函数连分式的渐近计算法可以很好地解决此问题。

设状态函数为 $F(X)=F(x_1,x_2,\cdots,x_n)$，其中 $X=(x_1,x_2,\cdots,x_n)$ 为随机变量，则状态函数的均值和方差可近似表达为：

$$\begin{aligned}&E[F(x)]\approx F(\bar{X})\\&\mathrm{var}[F(x)]\approx \nabla G^T\mathrm{cov}(X)\nabla G\end{aligned}\tag{4-55}$$

式中：$\nabla G^T=\left(\frac{\partial F}{\partial x_1},\frac{\partial F}{\partial x_2},\cdots,\frac{\partial F}{\partial x_n}\right)\Big|_{X=\bar{X}}$；$\bar{X}=(\bar{x}_1,\bar{x}_2,\cdots,\bar{x}_n)$ 为随机变量的均值向量；$\mathrm{cov}(X)$ 为协方差矩阵，有

$$\mathrm{cov}(X)=\begin{bmatrix}\sigma_{x_1}^2 & \mathrm{cov}(x_1,x_2) & \cdots & \mathrm{cov}(x_1,x_n)\\ \mathrm{cov}(x_2,x_1) & \sigma_{x_2}^2 & \cdots & \mathrm{cov}(x_2,x_n)\\ \vdots & \vdots & \ddots & \vdots\\ \mathrm{cov}(x_n,x_1) & \mathrm{cov}(x_n,x_2) & \cdots & \sigma_{x_n}^2\end{bmatrix}$$

由于均值向量和协方差矩阵是容易计算的统计量，在可靠性分析中的主要困难是状态函数偏导数 ∇G^T 的计算。下面介绍用函数连分式计算状态函数的偏导数的原理和方法。

如果 $\varphi_{(}x)$ 的分点 x_i 与 x 均属于区间 $[a,b]$，在 $[a,b]$ 上的一维函数连分式为 $\varphi(x)$，它的表达式如下所示：

$$\varphi(x)=u_0+\cfrac{x-x_0}{u_1+\cfrac{x-x_1}{u_2+\cdots+\cfrac{x-x_{i-1}}{u_i}}}\tag{4-56}$$

分式 $\frac{x-x_{i-1}}{u_i}$ 称做函数连分式的第 i 节，可以是有限的，也可以是无限的。$x-x_{i-1}$ 为函数连分式的第 i 节部分分子，为变数；u_{i-1} 为第 i 节的部分分母，为实常数。

令状态函数 $F(X)=F(x_1,x_2,\cdots,x_n)$ 中的变量 $x_2=\bar{x}_2,\cdots,x_n=\bar{x}_n$，考虑 x_1 的 m 个取值 $x_1^{(i)}(i=1,2,\cdots,m)$，$x_1^{(i)}$ 位于 x_1 取值的上限与下限之间。如果仅知道 x_1 的均值和方差，则 $x_1^{(i)}$ 的取值选择在 $(\bar{x}_1-K\sigma_{x_1},\bar{x}_1+K\sigma_{x_1})$ 之间，一般 K 取 3 就可满足计算的精度要求。由于要计算均值处的导数，所以 x_1 的选择要具有代表性，最好与均值相近。当 x_1 分别取 $x_1^{(1)},x_1^{(2)},\cdots,x_1^{(m)}$ 时，状态函数可分别得到如下 m 个值。

$$\begin{aligned}&F_{11}=F(x_1^{(1)},\bar{x}_2,\cdots,\bar{x}_n)\\&F_{12}=F(x_1^{(2)},\bar{x}_2,\cdots,\bar{x}_n)\\&\quad\vdots\\&F_{1m}=F(x_1^{(m)},\bar{x}_2,\cdots,\bar{x}_n)\end{aligned}\tag{4-57}$$

在实际计算中 m 一般取 3 或 5 就可以了。式(4-57)的状态函数的 m 个值，可由 m 节函数连分式近似表达，其函数连分式的渐近表达式为：

$$F(x_1,\bar{x}_2,\cdots,\bar{x}_n)=b_1+\cfrac{x_1-x_1^{(1)}}{b_2+\cfrac{x_1-x_1^{(2)}}{b_3+\cdots+\cfrac{x_1-x_1^{(m-1)}}{b_m}}}\tag{4-58}$$

式中系数 $b_1,b_2,\cdots,b_m$ 由表 4-1 给出。

表 4-1　函数连分式系数计算表

b_1	b_2	b_3	b_4	…
$b_1=F_{11}$	—	—	—	
$b_{21}=F_{12}$	$b_2=\dfrac{x_1^{(2)}-x_1^{(1)}}{b_{21}-b_1}$	—	—	
$b_{31}=F_{13}$	$b_{32}=\dfrac{x_1^{(3)}-x_1^{(1)}}{b_{31}-b_1}$	$b_3=\dfrac{x_1^{(3)}-x_1^{(2)}}{b_{32}-b_2}$	—	
$b_{41}=F_{14}$	$b_{42}=\dfrac{x_1^{(4)}-x_1^{(1)}}{b_{41}-b_1}$	$b_{43}=\dfrac{x_1^{(4)}-x_1^{(2)}}{b_{42}-b_2}$	$b_4=\dfrac{x_1^{(4)}-x_1^{(3)}}{b_{43}-b_3}$	
⋮	⋮	⋮	⋮	

等式(4-54)可变换成下面的形式

$$F(x_1,\bar{x}_2,\cdots,\bar{x}_n)=\varphi_1(x_1) \tag{4-59}$$

$\varphi_i(x_1)$ 与 $\varphi_{i+1}(x_1)$ 之间的关系由下式给出。

$$\varphi_i(x_1)=b_i+\frac{x_1-x_1^{(i)}}{\varphi_{i+1}(x_1)} \tag{4-60}$$

最后

$$\varphi_m(x_1)=b_m \tag{4-61}$$

根据式(4-59)、式(4-60)和式(4-61)可以得到状态函数关于变量 x_1 的偏导数值，有

$$\frac{\partial F}{\partial x_1}=\varphi'_1(x_1)=\frac{\varphi_2(x_1)-(x_1-x_1^{(1)})\varphi'_2(x_1)}{[\varphi_2(x_1)]^2} \tag{4-62}$$

$\varphi_i(x_1)$ 与 $\varphi_{i+1}(x_1)$ 之间的导数关系为：

$$\varphi'_i(x_1)=\frac{\varphi_{i+1}(x_1)-(x_1-x_1^{(i)})\varphi'_{i+1}(x_1)}{[\varphi_{i+1}(x_1)]^2} \tag{4-63}$$

$$\varphi'_m(x_1)=0 \tag{4-64}$$

在公式(4-58)中，用 $\bar{x}_1$ 代 x_1，可得到状态函数 $F(X)=F(x_1,x_2,\cdots,x_n)$ 关于 x_1 的偏导数在点 $\bar{X}=(\bar{x}_1,\bar{x}_2,\cdots,\bar{x}_n)$ 的偏导数值，即

$$\left.\frac{\partial F(x_1,\bar{x}_2,\cdots,\bar{x}_n)}{\partial x_1}\right|_{X=\bar{X}}=\varphi'_1(\bar{x}_1) \tag{4-65}$$

重复上述步骤，依次求得状态函数关于变量 $x_i(i=1,2,\cdots,n)$ 的偏导数在点 $\bar{X}=(\bar{x}_1,\bar{x}_2,\cdots,\bar{x}_n)$ 的偏导数值，即 $\left.\dfrac{\partial F}{\partial x_i}\right|_{X=\bar{X}}$。

函数连分式渐近法对于解决状态函数的隐式形式和非线性状态有独特的优势，用该方法可以方便地求解出状态函数对随机变量的偏导数。

四、非正态变量的处理

在极限状态方程中，常包含非正态分布的基本变量，在一些可靠度分析方法（如验算点法）

中需要将此变量先行“当量正态化”，当量正态化的条件是：

(1)在设计验算点处，当量正态变量的分布函数值与原变量的分布函数值相等；

(2)在设计验算点处，当量正态概率密度函数值与原变量概率密度函数值相等。

第四节 滑坡可靠性实例分析

以三峡工程库区兴山县高阳镇核桃树沟滑坡为例，进行稳定性可靠度的工程实际应用分析。对于中心点法给出详细的分析过程，其他方法分析过程类似，列出结果以供对比。

一、核桃树沟滑坡概况

(一)自然地理概况

核桃树沟滑坡位于兴山县中偏南部高阳镇二里半村的西侧、核桃树沟的东侧。该滑坡的稳定与否，直接关系着滑坡上人民生命财产的安全和古夫—高阳—峡口公路坑子路段的畅通。

本地区属于亚热带大陆性季风气候，温暖潮湿，雨量充沛集中，多年平均降水量为983.6mm，每年5～9月为雨季，降水量占全年的70%，且多暴雨，年平均蒸发量为1 508mm，相对湿度为73%。

高阳镇位于构造侵蚀剥蚀低山区，香溪河是区内主要的河流，发源于西北的神农架林区，其支流在耿家河汇入。在高阳镇河段枯水位一般在152.0～155.0m，洪水位一般在160.0m。

(二)地质概况

滑坡区位于扬子准地台上扬子台褶带后缘，秭归向斜北东翼转折端，总体为向南西倾斜局部倒转的单斜构造，区内斜坡结构类型多而复杂，多为土岸和顺向坡及滑坡岸。岩层走向变化不大，倾向变化较大，断层不十分发育。

据钻探资料可知，滑坡区的地层从上至下可分为3层：

(1)Q_4^{ml}，0～2.75m素填土，土黄、灰白色，成分为灰岩碎屑、粘性土等；内含植物根径及有机质土，湿，土质松散。

(2)Q_4^{al+dl}，2.75～12.80m碎石土及含碎石粉质粘土。土黄、灰白色，成分为碎石，粉质粘土。碎石的母岩成分为灰岩，次圆—次棱角状，残坡积成因，中密实状态。粉质粘土稍湿，呈可塑状态。

(3)T_{2b}^2，12.80～18.90m，基岩强风化带。紫红色为主，12.8～14.3m处略夹有黄绿色，岩性为泥质粉砂岩。裂隙发育，岩芯破碎，薄—中厚层状构造，泥质、钙质胶结。局部基岩风化成土。岩层倾角为65°。18.9～29.10m为基岩中风化带。其中18.9～22.80m为黄绿色的泥质粉砂岩，22.8～29.10m为紫红色的泥质粉砂岩。

区内的地下水主要赋存形式是基岩裂隙水和第四系孔隙水，水文地质条件受地层岩性及地质结构控制，香溪河作为区域性地下水排泄基准面，对区内地下水的补给、径流、排泄条件产生重要的影响。

按1990年国家地震局《中国地震烈度区划图》，本区基本烈度为Ⅵ度。

(三)滑坡基本特征

古夫—高阳—峡口公路坑子路段于滑坡体前部切坡，三峡水库蓄水后滑坡前部将淹没。

前缘宽度约 90m，平均长度约 100m，滑体平面范围约 8 500m²，总体平面上滑坡为上窄下宽。主滑方向为 49°。滑带处于基岩强风化带顶部，深度为地面下 14.00m，滑带厚 0.30m，滑带组成物质为泥质粉砂岩，滑体中有挤压现象及滑动痕迹，滑体的成分为碎石土，滑床为泥质粉砂岩。滑坡的工程地质平面图和剖面图分别如图 4-7、图 4-8 所示。

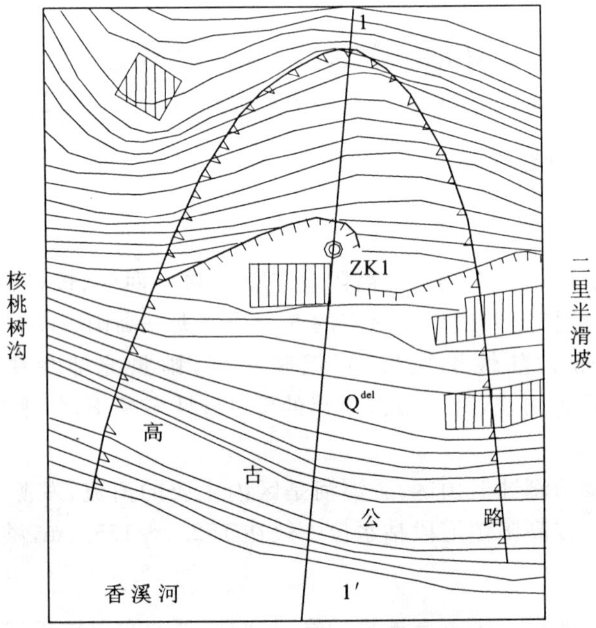

图 4-7　核桃树沟滑坡平面图

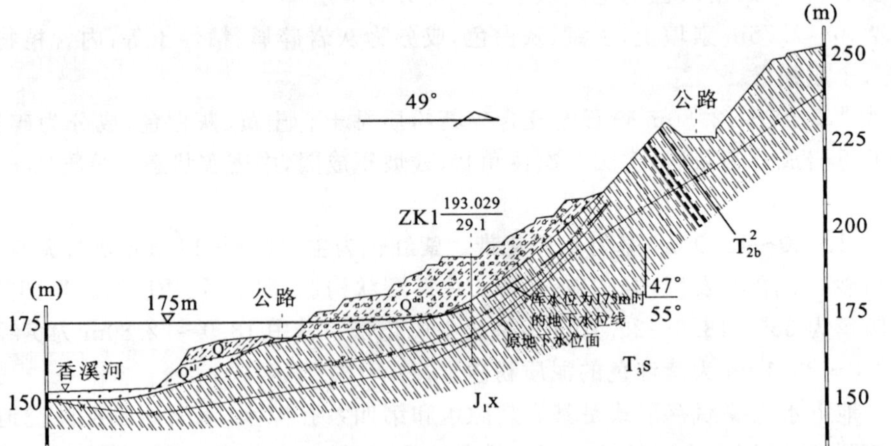

图 4-8　核桃树沟滑坡 1—1′工程地质剖面图

二、稳定性可靠度分析模型

(一)计算模型

为简单起见,选择确定的计算模型。根据核桃树沟滑坡的具体工程地质条件,选择主滑方向 1—1′剖面作为分析剖面,对滑坡进行垂直分条,如图 4-9 所示。

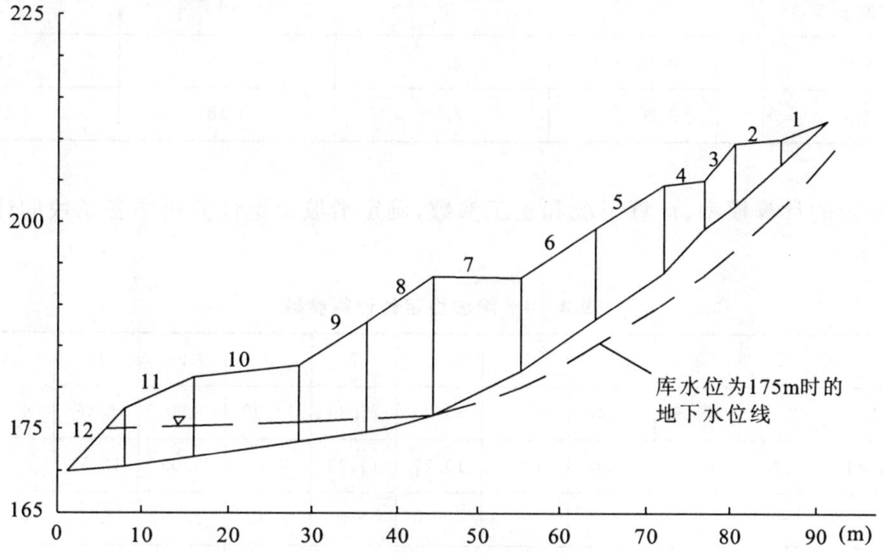

图 4-9　核桃树沟滑坡稳定性计算坡面

计算工况选择 175m 稳定库水位,不考虑降雨和地震作用。

(二)计算参数的确定

根据滑坡的岩土力学的试验成果、参数反演及其与本地区的参数经验值的类比,综合确定核桃树沟滑坡稳定性计算的土工参数的取值(表 4-2)。

表 4-2　核桃树沟滑坡土工参数表

滑带参数				滑体参数	
内聚力 c(kPa)		内摩擦角 φ(°)		重度 γ(kN/m³)	
天然 c_d	饱和 c_s	天然 φ_d	饱和 φ_s	天然 γ_d	饱和 γ_s
23	20	18	17	20	21.5

(据湖北省三峡库区兴山县高阳镇库岸塌岸防治工程可行性研究报告,2002)

在计算中,当条块滑动面位于地下水位以下时,采用饱和状态的强度参数,否则,采用天然状态的强度参数。

考虑土工参数的变异性,根据 Schneider 建议的土工参数的变异系数的典型取值范围(表 2-4),取内摩擦角 φ 的变异系数为 0.10,内聚力 c 的变异系数为 0.40,重度的变异系数为 0。

因此，可以把抗剪强度参数作为随机变量，重度作为确定变量。根据变异系数、均值和方差的关系，可确定基本变量的统计参数，如表 4 - 3 所示。

表 4 - 3 滑带土抗剪强度的统计参数

	内聚力 c(kPa)		内摩擦角 φ(°)	
	天然 c_d	饱和 c_s	天然 φ_d	饱和 φ_s
均值 μ	23	20	18	17
变异系数 V	0.40	0.40	0.10	0.10
方差 σ	9.20	8.00	0.18	0.17

根据选定的计算模型、计算工况和土工参数，确定滑坡稳定性分析中各条块的计算参数如表 4 - 4 所示。

表 4 - 4 滑坡稳定性计算参数

分条号	1	2	3	4	5	6	7	8	9	10	11	12
α_i(°)	42.82	42.23	37.35	47.42	35.00	35.00	26.89	14.22	8.46	8.48	8.16	4.63
L_i(m)	7.81	7.45	4.57	7.20	9.85	10.79	11.76	8.18	8.09	12.55	8.24	6.93
β_i(°)	—	—	—	—	—	—	—	3.32	2.93	2.58	1.82	0
h_{wi}(m)	—	—	—	—	—	—	—	0.78	1.94	2.98	4.07	4.81

(三)状态函数的建立

稳定性分析方法选择《长江三峡工程水库区——崩塌与滑坡治理工程地质勘察技术要求(试行)》(2003)中建议的滑动面为折线形的堆积层滑坡稳定性分析方法，计算公式为式 (4 - 53)。

直接选择滑坡稳定性系数 F 作为状态函数，在公式(4 - 53) 中，F 除一般变量，还是随机变量 $x_1 = c_d$、$x_2 = c_s$、$x_3 = \varphi_d$ 和 $x_4 = \varphi_s$ 的函数。

考虑随机变量的相关性，并假设内聚力 c_d 和 c_s、内摩擦角 φ_d 和 φ_s 之间完全相关，且内聚力和内摩擦角之间完全不相关。有两种方法来处理此问题。

方法一：在分析的过程中直接把 c_d 和 c_s、φ_d 和 φ_s 捆绑在一起，按相同的规律共同取值，在这种情况下，相当于状态函数只有两个随机变量，即

$$Z = F(x_1 \text{ 或 } x_2, x_3 \text{ 或 } x_4) = F(c_d \text{ 或 } c_s, \varphi_d \text{ 或 } \varphi_s) \quad (4-66)$$

方法二：分别对 4 个随机变量进行处理，在求解状态函数的均值和方差时，考虑随机变量的相关性，此时的状态函数包含 4 个随机变量，即

$$Z = F(x_1, x_2, x_3, x_4) = F(c_d, c_s, \varphi_d, \varphi_s) \quad (4-67)$$

三、中心点法分析过程

状态函数所含随机变量不仅出现在其分子部分，而且出现在分母部分，直接求解其对随机

变量的偏导数比较困难，所以采用函数连分式渐近法来进行可靠度分析。

下面以方法一(状态函数只有两个随机变量)为例说明核桃树沟滑坡的可靠度分析过程。

采用第三节函数连分式，直接变量选择 c_d 和 φ_d，c_s 和 φ_s 作为间接随机变量，则状态函数为

$$Z = F(x_1, x_3) = F(c_d, \varphi_d) \tag{4-68}$$

对第一个随机变量进行处理，取值为

$$x_1^{(1)} = \mu_{Cd} - \sigma_{Cd} = 13.8 \qquad x_2^{(1)} = \mu_{Cs} - \sigma_{Cs} = 12.0$$

$$x_1^{(2)} = \mu_{Cd} = 23.0 \qquad \text{同时，取} \qquad x_2^{(2)} = \mu_{Cs} = 20.0$$

$$x_1^{(3)} = \mu_{Cd} + \sigma_{Cd} = 32.2 \qquad x_2^{(3)} = \mu_{Cs} + \sigma_{Cs} = 28.0$$

$$\bar{x}_3 = \mu_{\varphi d} = 18.0 \qquad \bar{x}_4 = \mu_{\varphi s} = 17.0$$

由公式(4-57)计算得到

$$F_{11} = F(x_1 = 13.8,\ x_2 = 12.0, x_3 = 18.0,\ x_4 = 17.0) = 0.978\,5$$

$$F_{12} = F(x_1 = 23.0,\ x_2 = 20.0, x_3 = 18.0,\ x_4 = 17.0) = 1.125\,2$$

$$F_{11} = F(x_1 = 32.2,\ x_2 = 28.0, x_3 = 18.0,\ x_4 = 17.0) = 1.271\,7$$

根据表 4-1 计算得到

$$b_1 = F_{11} = 0.978\,5$$

$$b_{21} = F_{12} = 1.125\,2$$

$$b_{31} = F_{11} = 1.271\,7$$

$$b_2 = \frac{x_1^{(2)} - x_1^{(1)}}{b_{21} - b_1} = \frac{23.0 - 13.8}{1.125\,2 - 0.978\,5} = 62.713\,0$$

$$b_{32} = \frac{x_1^{(3)} - x_1^{(1)}}{b_{31} - b_1} = \frac{32.2 - 13.8}{1.267\,7 - 0.975\,0} = 62.755\,8$$

$$b_3 = \frac{x_1^{(3)} - x_1^{(2)}}{b_{32} - b_2} = \frac{32.2 - 23.0}{62.755\,8 - 62.713\,0} = 215.062\,2$$

所以

$$\varphi_1(x) = F(x_1, \bar{x}_3) = 0.978\,5 + \cfrac{x_1 - 13.8}{62.713\,0 + \cfrac{x_1 - 23.0}{215.062\,2}}$$

根据公式(4-59)至式(4-64)可计算得到

$$\left.\frac{\partial F(x_1, \bar{x}_3)}{\partial x_1}\right|_{x_1 = \bar{x}_1} = \varphi'_1(\bar{x}_1) = 0.015\,9$$

仿上对第二个随机变量处理，取值为

$$x_3^{(1)} = \mu_{\varphi d} - \sigma_{\varphi d} = 16.2 \qquad x_4^{(1)} = \mu_{\varphi s} - \sigma_{\varphi s} = 15.3$$

$$x_3^{(2)} = \mu_{\varphi d} = 18.0 \qquad \text{同时，取} \qquad x_4^{(2)} = \mu_{\varphi s} = 17.0$$

$$x_3^{(3)} = \mu_{\varphi d} + \sigma_{\varphi d} = 19.8 \qquad x_4^{(3)} = \mu_{\varphi s} + \sigma_{\varphi s} = 18.7$$

$$\bar{x}_1 = \mu_{Cd} = 23.0 \qquad \bar{x}_2 = \mu_{Cs} = 20.0$$

同样计算得到

$$\left.\frac{\partial F(\bar{x}_1, x_3)}{\partial x_1}\right|_{x_3 = \bar{x}_3} = \varphi'_1(\bar{x}_3) = 0.287\,1$$

所以，状态函数偏导数 ∇G^T 为

$$\nabla G^T = \left(\frac{\partial F}{\partial x_1},\frac{\partial F}{\partial x_3}\right)\bigg|_{X=X} = (0.015\ 9, 0.287\ 1)$$

协方差矩阵为

$$\operatorname{cov}(X) = \begin{bmatrix} \sigma_{x_1}^2 & \operatorname{cov}(x_1,x_3) \\ \operatorname{cov}(x_3,x_1) & \sigma_{x_3}^2 \end{bmatrix} = \begin{bmatrix} 9.20^2 & 0 \\ 0 & 1.8^2 \end{bmatrix}$$

根据公式(4-55),有

$$\mu_z = E[F(x)] \approx F(\overline{X}) = 1.125\ 2$$

$$\sigma_z^2 = \operatorname{var}[F(x)] \approx \nabla G^T \operatorname{cov}(X) \nabla G$$

$$= 0.015\ 9^2 \times 9.20^2 + 0.287\ 1^2 \times 1.8^2 = 0.169\ 7^2$$

所以,可靠度指标 β 为

$$\beta = \frac{\mu_z - 1}{\sigma_z} = \frac{1.125\ 2 - 1}{0.169\ 7} = 0.737\ 7$$

破坏概率为

$$P_f = 1 - \Phi(\beta) = 1 - \Phi(0.737\ 7) = 0.220\ 3 = 22.03\%$$

状态函数的变异系数为

$$V_Z = \frac{\sigma_Z}{\mu_Z} = \frac{0.169\ 7}{1.125\ 2} = 0.150\ 8$$

中值稳定安全系数为

$$F_0 = \frac{1}{1-\beta \cdot V_Z} = 1.125\ 2$$

采用第二种方法(4个随机变量分别求偏导,后考虑其相关性),所得结果和第一种方法完全相同。

四、中心点法计算结果分析

由定值法(传统方法)所确定的滑坡的稳定安全系数平均值为1.121 3。通过可靠性分析得到中值稳定安全系数为1.121 2,与平均值非常相近。但是由计算得到的稳定安全系数尽管大于1,但此滑坡在该计算工况下仍有23.34%的失稳破坏的可能性。

根据滑坡的可靠度和破坏概率,可以对滑坡稳定性进行分级(徐卫亚等,1995),如表4-5所示。可靠性分析结果表明,核桃沟滑坡在175m稳定库水位、不考虑降雨和地震作用的稳定性等级为低危险。

表4-5 斜坡破坏概率与稳定性等级

稳定性描述	必然破坏	高危险	中等危险	低危险	稳定
破坏概率	>90%	60%~90%	30%~60%	5%~30%	<5%
稳定等级	1	2	3	4	5

五、其他方法计算结果

利用其他3种方法也可计算该斜坡的可靠性,计算得到的可靠度分析结果如表4-6所示。从下表可以看出，几种方法的计算结果比较接近。

表 4-6 核桃树沟滑坡稳定性可靠性分析结果

计算方法	Monte Carlo 法	中心点法	验算点法	统计矩法	传统方法
中值安全系数	1.126 3	1.125 2	1.125 0	1.126 4	1.125 2
可靠度指标	0.746 8	0.737 7	0.739 8	0.745 0	—
破坏概率	22.756%	22.032%	22.969%	22.813%	—
稳定等级	低危险(4)	低危险(4)	低危险(4)	低危险(4)	—

第五节 岸坡稳定性可靠性分析

一、计算模型

为说明岩质岸坡塌岸稳定性可靠性分析，假定一岩质岸坡。其计算模型如图 4-10 所示，假定其土工参数都服从正态分布，统计数据如表 4-7 所示。

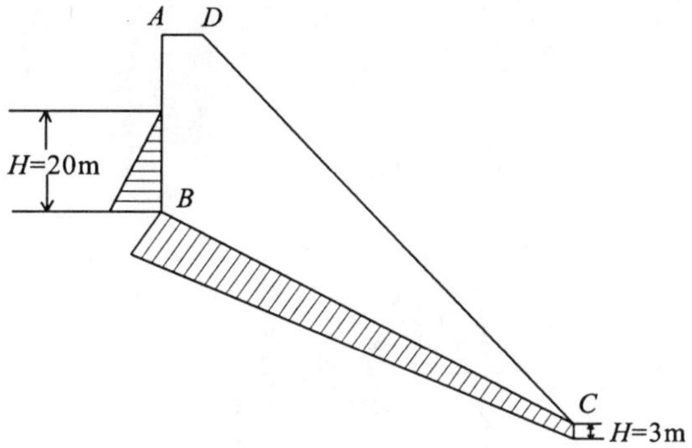

图 4-10 岩质岸坡可靠性分析计算坡面

表 4-7 某岩质岸坡土工参数统计表

	滑带参数		滑体参数
	内聚力 c(kPa)	内摩擦角 φ(°)	重度 γ(kN/m³)
均值 μ	100.0	30.0	21.0
变异系数 V	80.0	6.0	0.0
方差 σ	0.8	0.3	0.0

稳定性分析方法选择《长江三峡工程水库区——崩塌与滑坡治理工程地质勘察技术要求(试行)》(2003)中建议的岩质滑坡稳定性分析方法，计算公式为式(4-54)。

二、计算结果分析

可靠性分析结果如表 4－8 所示。从表中可以看出，几种方法的计算结果比较接近。

表 4－8 某岩质岸坡稳定性可靠性分析结果

计算方法	Monte Carlo 法	中心点法	验算点法	统计矩法	传统方法
中值安全系数	1.161 7	1.153 0	1.153 0	1.162 8	1.161 7
可靠度指标	0.369 0	0.358 2	0.359 0	0.380 8	—
破坏概率	35.606%	35.994%	35.965%	35.151%	—
稳定等级	中等危险(3)	中等危险(3)	中等危险(3)	中等危险(3)	—

第五章　防治措施结构可靠度设计

地质体的复杂性使岩土工程存在一些不确定的因素，在设计中，设计人员会对岩土参数的可靠性进行分析和调整，在没有最优化设计理论指导的情况下，为了保证工程的安全和设计者自身的安全，设计者往往无法做到最优化设计，浪费国家大量资金。

岩土层面及边界条件的不确定性、岩土性质的变异性、荷载及分布的不确定性和计算模型的不确定性需在塌岸体稳定分析中考虑。可靠性研究是一个系统的整体设计，必须研究其基础的每个部分(称为子系统部分)和积累资料。可靠度法目前还没有像极限平衡分析那样得到广泛的认同和普及，其主要困难是设计公式本身往往具有相当大的误差，而且可能也有不按设计进行的施工。从本质上讲，可靠度法本身并不深入研究失稳的内在机理。

本章基于较成熟的可靠度计算理论，以刚体极限平衡理论为基础，然后选用蒙特卡洛法(Monte Carlo Method)、一次二阶矩法、函数连分式渐近法和 Hasofer - Lind 优化法等对岸坡稳定性进行计算，对常用的岸坡处置措施进行可靠度设计。

第一节　结构设计的目标

一、设计要求

结构设计的总要求是：结构的抗力 R 应大于或等于结构的荷载效应 S，即

$$R \geqslant S \tag{5-1}$$

由于实际中抗力和荷载效应均为随机变量，因此式(5 - 1)并不能绝对满足，而只能在一定概率意义下满足，即

$$P\{R \geqslant S\} = P_S \tag{5-2}$$

其中，P_S 即为结构的概率可靠度。因此，结构设计的更明确的要求是：在一定的可靠度 P_S 或失效概率 P_f 条件下进行结构设计，使得结构的抗力大于或等于结构的综合荷载效应。

二、目标可靠度

结构设计的目标可靠度的大小对结构的设计结果影响较大。如果目标可靠度定得高，则结构设计会很强，使结构设计造价加大；结构设计的目标可靠度的大小对结构的设计结果影响较大。如果目标可靠度定得低，则结构会设计得很弱，使人产生不安全感。因此，结构设计目标可靠度的确定应以达到结构可靠与经济上的最佳平衡为原则，一般需考虑以下 4 个因素：①公众心理；②结构重要性；③结构破坏性质；④社会经济承受力。

国外统计的一些事故所造成的年死亡率如表 5 - 1 所示。

表 5-1 一些事故的年死亡率

事 故	年死亡率	事 故	年死亡率
爬山、赛车	5×10^{-3}	汽车旅行	2.5×10^{-5}
飞机旅行	1×10^{-4}	游 泳	3×10^{-5}
采 矿	7×10^{-4}	结构施工	3×10^{-5}
房屋失火	2×10^{-5}	电 击	6×10^{-6}
雷 击	5×10^{-7}	暴 风	4×10^{-6}

一般公众认为，赛车是较危险的，乘飞机是较安全的，汽车旅行是安全的，而遭电击或雷击则几乎不可能。有人曾做过公众心理分析，认为胆大的人可承受的危险率为每年 10^{-3}，谨慎的人允许的危险率为每年 10^{-4}，而当危险率为每年 10^{-5} 或更小时，一般人都不再考虑其危险性。因此，对于工程结构来说，可以认为年失效概率小于 1×10^{-4} 是较安全的，年失效概率小于 1×10^{-5} 是安全的，而年失效概率小于 1×10^{-6} 则是很安全的。一般结构的实际基准期为 50 年，因此当在结构的设计基准期内失效概率分别小于 5×10^{-3}、5×10^{-4}、5×10^{-5} 时，可以认为结构较安全、安全和很安全，相应的可靠指标约在 2.5～4.0 之间。

一般来说，对于重要的结构（如核电站、国家级广播电视发射塔），设计目标可靠度应定得高些。而对于次要的结构（如临时仓库、车棚等），设计目标可靠度可定得低些。很多国家将工程结构按重要性分成三等，即重要结构、一般结构和次要结构。常以一般结构的设计目标可靠度为基准，对于重要结构使其失效概率减小一个数量级，而对于次要结构使其失效概率增加一个数量级。

由于脆性结构（如砌体结构）破坏前几乎无预兆，其破坏造成的后果比延性结构（如钢结构）要严重。因此，工程上一般要求脆性结构的设计目标可靠度应高于延性结构的设计目标可靠度。

此外，社会的经济承受力对工程结构的设计目标可靠度也有影响，一般来说，社会经济越发达，公众对工程结构可靠性的要求将越高，因而设计目标可靠度也会定得越高。

确定结构设计的目标可靠度，也可采用校准法。所谓校准法是承认传统设计对结构安全性要求的合理性，通过采用结构可靠度分析理论对传统设计方法所具有的可靠度进行分析，以结构传统设计方法的可靠度水平作为结构概率可靠度设计方法的目标可靠度。例如，我国现行的建筑结构概率定值设计法所采用的目标可靠度，就是根据原来半经验半概率定值设计法所具有的可靠度水平确定的，目标可靠指标值如表 5-2 所示。

表 5-2 我国现行建筑结构目标可靠度指标

结构重要性 结构破坏性质	重 要	一 般	次 要
延性结构	3.7	3.2	2.7
脆性结构	4.2	3.7	3.2

综合考虑我国现行建筑结构目标可靠度指标的规范值，并调查三峡库区斜坡实际破坏的破坏概率，对斜坡稳定性进行分级（据徐卫亚等，1995），如表 5－3 所示。

表 5－3　斜坡稳定性等级分类一览表

稳定性描述	必然破坏	高危险	中等危险	低危险	稳定
破坏概率	＞90％	60％～90％	30％～60％	5％～30％	＜5％
稳定等级	1	2	3	4	5

第二节　结构可靠度设计法

一、结构可靠度的直接设计法

结构概率可靠度的直接设计法是直接基于结构可靠度分析理论的设计方法。

实际工程中，结构的荷载效应常为两个或两个以上荷载效应的组合，且荷载效应不一定为正态或对数正态分布，另结构的极限状态方程也很可能为非线性形式。此时，结构的可靠度分析不能简单地采用式(5－3b)或式(5－8a)计算结构可靠指标，而需采用验算点方法按迭代的方式进行计算。当进行结构设计时，问题转化为当结构可靠指标一定时如何求取结构抗力的参数。

一般可认为结构的抗力服从对数正态分布，其变异系数（二阶统计参数）是一定的，可预先确定，结构设计主要求取结构抗力平均值参数。图 5－1 给出了基于结构可靠度分析的验算点方法进行结构设计的框图。

二、结构可靠度的间接设计法（实用表达式）

按结构可靠度直接设计的方法进行结构设计可使设计的结构严格具有预先设定的目标可靠度。但是，采用结构概率可靠度的直接设计法计算过程繁琐，计算工作量大，不太适宜工程师在实际工程结构设计中采用。因此，目前在岩土工程活动中除重要工程结构，例如大坝等，宜采用可靠度直接设计法外，对于大量一般性工程结构，均采用可靠度间接设计法。

可靠度间接设计法的思想是：采用工程师易理解、接受和应用的设计表达式，使其具有的可靠度水平与设计目标可靠度尽量一致（或接近）。

1. 单一系数设计表达式

如果将影响结构功能的因素归并为结构抗力 R 和荷载效应 S 两个量，则可采用如下结构设计式

$$k_0\mu_S \leqslant \mu_R \qquad (5-3a)$$

式中：μ_S、μ_R—— 设计中取用的荷载效应和结构抗力的均值；

K_0—— 常数，习惯上称为安全系数。

如采用式(5－3a)设计，需确定 k_0，使该设计式具有的可靠性水平为规定的目标可靠指标 β。

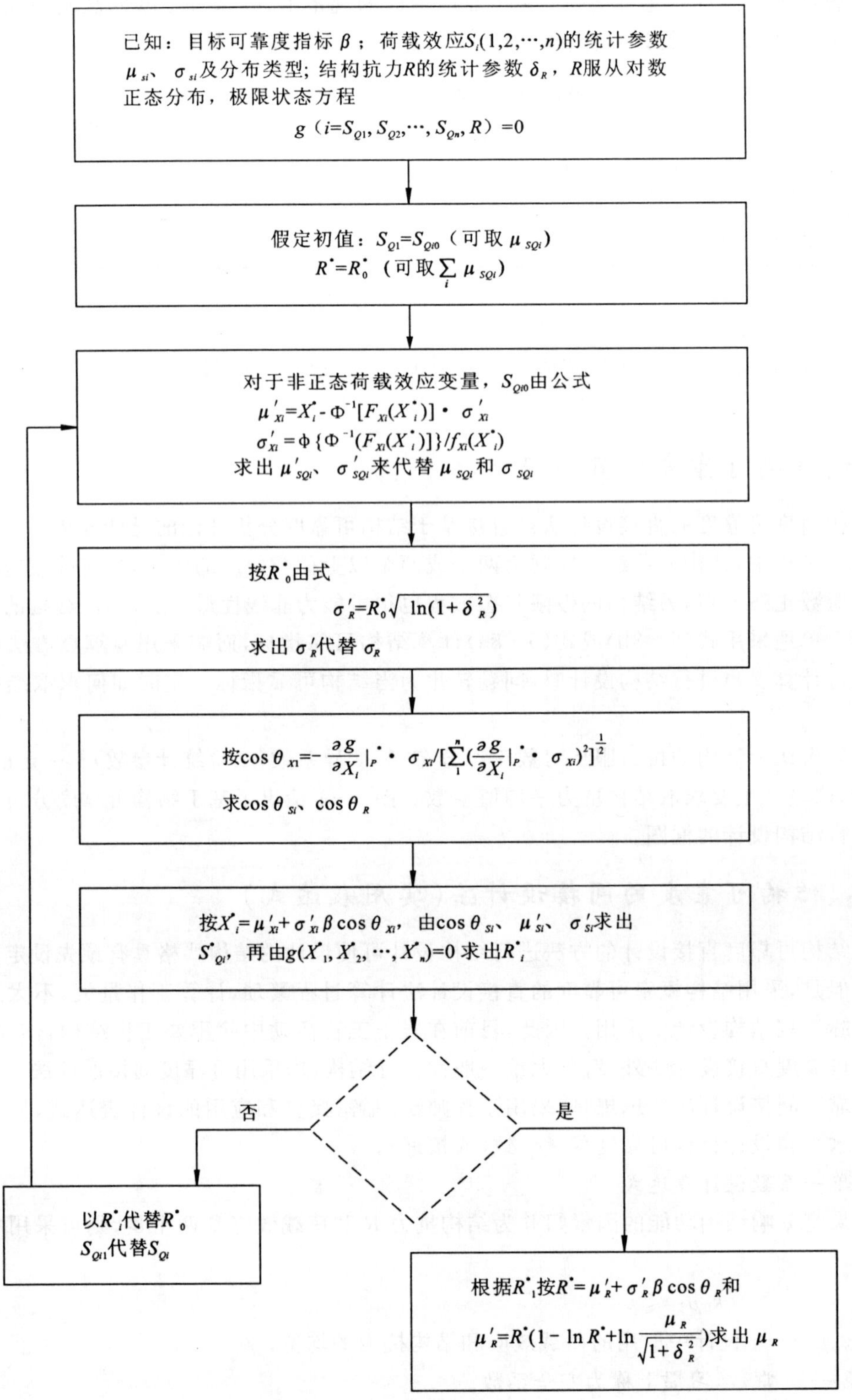

图 5-1　结构可靠度设计的直接方法框架图

若已知 R 和 S 的均值 μ_S、μ_R 及标准差 σ_S、σ_R，且 R 和 S 均为正态分布时，则可靠指标的计算公式为：

$$\beta = \frac{\mu_R - \mu_S}{\sqrt{\sigma_R^2 + \sigma_S^2}} \tag{5-3b}$$

由此得

$$\frac{\mu_R}{\mu_S} = 1 + \frac{\beta\sqrt{\sigma_R^2 + \sigma_S^2}}{\mu_S} \tag{5-4}$$

或

$$\frac{\mu_R}{\mu_S} = 1 + \beta\sqrt{\left(\frac{\mu_R}{\mu_S}\sigma_R^2\right) + \sigma_S^2} \tag{5-5}$$

即

$$k_0 = 1 + \beta\sqrt{k_0^2\sigma_R^2 + \sigma_S^2} \tag{5-6}$$

由上式可解得

$$k_0 = \frac{1 + \beta\sqrt{\sigma_R^2 + \sigma_S^2(1 - \beta^2\sigma_R^2)}}{1 - \beta^2\sigma_R^2} \tag{5-7}$$

若 R 和 S 均为对数正态分布，则可靠度指标的计算公式为：

$$\beta = \frac{\ln\frac{\mu_R}{\mu_S}\sqrt{\frac{1+\sigma_S^2}{1+\sigma_R^2}}}{\sqrt{\ln(1+\sigma_R^2)(1+\sigma_S^2)}} \tag{5-8a}$$

一般结构抗力 R 和荷载效应 S 的变异系数小于 0.3，则上式可近似简化为：

$$\beta = \frac{\ln\frac{\mu_R}{\mu_S}}{\sqrt{\sigma_R^2 + \sigma_S^2}} = \frac{\ln k_0}{\sqrt{\sigma_R^2 + \sigma_S^2}} \tag{5-8b}$$

由此得

$$k_0 = \exp\left(\beta\sqrt{\sigma_R^2 + \sigma_S^2}\right) \tag{5-9}$$

显然，按式(5-7)或式(5-9)确定安全系数，可使计算表达式(5-3)具有规定的可靠指标 β。

当结构抗力 R 和荷载效应 S 不同为正态分布或对数正态分布时，要使设计表达式(5-3)严格具有规定可靠指标，需采用结构可靠度分析的验算点法确定 k_0。

工程设计中，习惯上采用结构功能函数中各变量的设计值或公称值，则设计表达式为

$$kS_k \leqslant R_k \tag{5-10}$$

式中：S_k 和 R_k—— 分别为荷载效应和抗力的标准值；

k—— 相应的设计安全系数。

设均值与标准差之间有下列比例关系

$$\mu_S = \eta_S S_k \tag{5-11}$$

$$\mu_R = \eta_R R_k \tag{5-12}$$

将式(5-11)、式(5-12)代入式(5-3)可得

$$k\eta_S S_k \leqslant \eta_R R_k \tag{5-13}$$

与式(5－10)对比，得出：

$$k=k_0\frac{\eta_S}{\eta_R} \tag{5-14}$$

从公众心理上考虑，荷载效应标准值一般大于均值的数，结构抗力的标准值一般小于均值的数，即

$$S_k=\mu_S(1+k_S\delta_S) \tag{5-15}$$

$$R_k=\mu_R(1-k_R\delta_R) \tag{5-16}$$

式中：k_S、k_R——大于零的常数。

对比式(5－11)与式(5－15)及式(5－12)与式(5－16)可知

$$\eta_S=\frac{1}{1+k_S\delta_S} \tag{5-17}$$

$$\eta_R=\frac{1}{1-k_R\delta_R} \tag{5-18}$$

将式(5－17)、式(5－18)代入式(5－14)得

$$k=k_0\frac{1-k_R\delta_R}{1+k_S\delta_S} \tag{5-19}$$

由式(5－7)、式(5－9)及式(5－19)可知，若采用单一系数表达式，其安全系数与抗力 R 和荷载效应 S 的变异系数以及设计要求的可靠指标 β 有关。由于设计条件的千变万化，R 和 S 的变异系数也将在一个较大的范围内发生变化，因而为使设计与规定的目标可靠指标一致，安全系数将随设计条件的改变而变动，这给实际工程设计应用带来不便。

2. 分项系数设计表达式

为克服单一系数设计表达式的缺点，提出了分项系数设计表达式。分项系数设计表达式将单一系数设计表达式中的安全系数分解成荷载分项系数和抗力分项系数，当荷载效应由多个荷载引起时，各个荷载都采用各处的分项系数。

分项系数设计表达式的一般形式为：

$$\gamma_{0S1}\mu_{S1}+\gamma_{0S2}\mu_{S2}+\cdots+\gamma_{0Sn}\mu_{Sn}\leqslant\frac{1}{\gamma_{0R}}\mu_R \tag{5-20}$$

或

$$\gamma_{S1}S_{k1}+\gamma_{S2}S_{k2}+\cdots+\gamma_{Sn}S_{kn}\leqslant\frac{1}{\gamma_R}R_k \tag{5-21}$$

采用分项系数设计表达式的优点是：能对影响结构可靠度的各种因素分别进行研究，不同的荷载效应可根据荷载的变异性质采用不同的荷载分项系数，而结构抗力分项系数则可根据结构材料的工作性能不同，采用不同的数值。

为了说明如何按规定的可靠指标的要求确定各个分项系数，下面以一般的基本变量情况进行讨论。

假定设计中要考虑的功能函数为：

$$Z=g(X_1,X_2,\cdots,X_m,X_{m+1},\cdots,X_n) \tag{5-22}$$

则分项系数的设计准则为：

$$Z=g\left(\gamma_{01}\mu_{X_1},\gamma_{02}\mu_{X_2},\cdots,\gamma_{0m}\mu_{X_m},\frac{1}{\gamma_{0m+1}}\mu_{X_{m+1}},\cdots,\frac{1}{\gamma_{0n}}\mu_{X_n}\right)\geqslant 0 \tag{5-23}$$

或

$$Z = g(\gamma_1 X_{1k}, \gamma_2 X_{2k}, \cdots, \gamma_m X_{mk}, \frac{1}{\gamma_{m+1}} X_{m+1k}, \cdots, \frac{1}{\gamma_n} X_{nk}) \geqslant 0 \tag{5-24}$$

分项系数一般都采用大于或等于 1 的数值，因此对结构可靠性不利的基本变量都以乘数出现，这些量一般与荷载效应有关；而对结构可靠性有利的基本变量都以除数出现，这些量一般与结构抗力无关。

由结构可靠度分析的验算点法，可导得验算点坐标满足下列公式。

$$g(X_1^*, X_2^*, \cdots, X_m^*, X_{m+1}^*, \cdots, X_n^*) = 0$$

式中：

$$X_1^* = \mu_{X_i} + \alpha_i \beta \sigma_{X_i} = \mu_{X_i}(1 + \alpha_i \beta \delta_{X_i})$$

$$\alpha_i = -\frac{\left.\dfrac{\partial g}{\partial X_i}\right|_{X^*} \sigma_{X_i}}{\left[\sum_{i=1}^{n}\left(\left.\dfrac{\partial g}{\partial X_i}\right|_{X^*} \sigma_{X_i}\right)^2\right]^{1/2}}$$

与设计表达式(5-23)、式(5-24)比较，可得出各分项系数如下：

$$\gamma_{0S} = 1 + \alpha_S \beta \delta_{X_S} \quad (S = 1, 2, \cdots, m) \tag{5-25a}$$

$$\gamma_{0r} = \frac{1}{1 + \alpha_r \beta \delta_{X_r}} \quad (r = m+1, \cdots, n) \tag{5-25b}$$

或

$$\gamma_S = \frac{1 + \alpha_S \beta \delta_{X_S}}{1 + k_S \beta \delta_{X_S}} \quad (S = 1, 2, \cdots, m) \tag{5-26a}$$

$$\gamma_r = \frac{1 - k_r \beta \delta_{X_r}}{1 + \alpha_r \beta \delta_{X_r}} \quad (r = m+1, \cdots, n) \tag{5-26b}$$

可见，各设计变量的分项系数主要与该变量的变异性大小有关，与单一系数设计表达式相比，分项系数设计表达式较易适应设计条件的变化，在确定的分项系数条件下，取得较好的结构可靠度一致性结果。

为说明分项系数设计表达式是否唯一，将 X 空间经标准化变换到 $\hat{X}$ 空间，则结构极限状态方程为：

$$\hat{Z} = \hat{g}(\hat{X}_1, \hat{X}_2, \cdots, \hat{X}_n) = 0 \tag{5-27}$$

假定 $\hat{Z}$ 是线性函数，则 $\hat{Z} = 0$ 为 $\hat{X}$ 空间中的一个线性曲面。当 $X_1, X_2, \cdots, X_n$ 均为正态随机变量时，根据可靠指标 β 的几何意义，$\hat{X}$ 空间的坐标原点 M 到 $\hat{Z} = 0$ 距离 $\overline{MP^*}$ 就是可靠指标 β。α_i 是 $\overline{MP^*}$ 指向失效区的方向余弦，图 5-2 说明维数为 2 的情况。

现令 P' 为 $\hat{Z} = 0$ 上的任意点，并选取 α'_i，使 $\overline{MP'}$ 在 $\hat{X}_i$ 轴上的投影为 $\alpha'_i\beta$，注意 α'_i 并非 $\overline{MP'}$ 的方向余弦，也即 $\sum \alpha'_i \neq 0$。

由此，$\overline{MP'}$ 在 $\overline{MP^*}$ 上的投影为：$\sum_{i=1}^{n} (\alpha'_i \beta) \alpha_i$

它也就是 β 本身，因此只要满足下述条件

$$\sum_{i-1}^{n} \alpha'_i \alpha_i = 1 \tag{5-28}$$

经逆变换到 X 空间，点 P' 的坐标为：

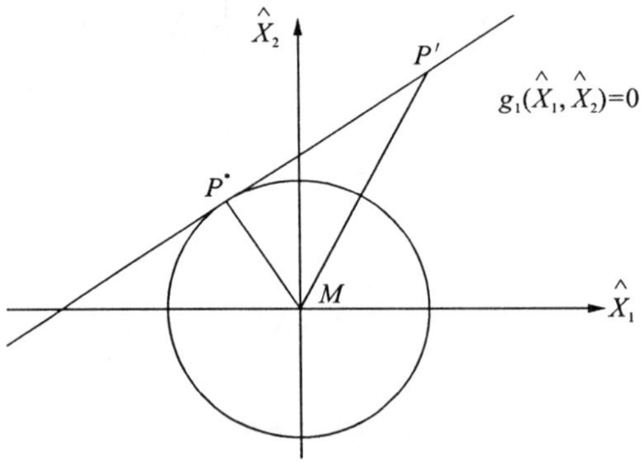

图 5-2 二维 X 空间

$$X'_1 = \mu_{X_i} + \alpha_i\beta\sigma_{X_i} \quad (1,2,\cdots,n) \tag{5-29}$$

该点也在极限状态界面上，即

$$g(X'_1, X'_2, \cdots, X'_n) = 0 \tag{5-30}$$

与设计表达式(5-23)、式(5-24)比较，可得出各分项系数如下：

$$\gamma_{0S} = 1 + \alpha'_S\beta\delta_{X_S} \quad (S = 1,2,\cdots,m) \tag{5-31a}$$

$$\gamma_{0r} = \frac{1}{1 + \alpha'_r\beta\delta_{X_r}} \quad (r = m+1,\cdots,n) \tag{5-31b}$$

或

$$\gamma_S = (1 + \alpha'_S\beta\delta_{X_S})\eta_S = \frac{1 + \alpha'_S\beta\delta_{X_S}}{1 + k_S\beta\delta_{X_S}} \quad (S = 1,2,\cdots,m) \tag{5-32a}$$

$$\gamma_r = \frac{\eta_r}{1 + \alpha'_r\beta\delta_{X_r})} = \frac{1 - k_r\beta\delta_{X_r}}{1 + \alpha'_r\beta\delta_{X_r}} \quad (r = m+1,\cdots,n) \tag{5-32b}$$

因为 P' 可在极限状态界面上任意选取，因此也就存在着无限组的分项系数，只要能符合条件式(5-28)，都能满足可靠指标的要求。

当不是线性函数时，则可用通过验算点的切平面来代替非线性的极限状态界面，仍以相同的方法得出近似的结果，只要非线性不甚严重，得到的结果仍能满足设计上的要求。

当 X_i 为非正态随机变量时，式(5-29)中的统计参数需用当量正态变量的统计参数替代，即

$$X'_1 = \mu'_{X_i} + \alpha'_S\beta\sigma'_{X_i} = \mu'_{X_i}(1 + \alpha'_S\beta\sigma'_{X_i}) \tag{5-33}$$

此时

$$\gamma_{0S} = \frac{\mu'_{X_S}}{\mu_{X_S}}(1 + \alpha'_S\beta\sigma'_{X_S}) \quad (S = 1,2,\cdots,m) \tag{5-34a}$$

$$\gamma_{0r} = \frac{\mu_{X_r}}{\mu'_{X_r}}(1 + \alpha'_r\beta\sigma'_{X_r})^{-1} \quad (r = m+1,\cdots,n) \tag{5-34b}$$

或

$$\gamma_S = \frac{\mu'_{X_S}}{\mu_{X_S}}(1 + \alpha'_S\beta\sigma'_{X_S})\eta_S \quad (S = 1,2,\cdots,m) \tag{5-35a}$$

$$\gamma_r = \frac{\mu_{X_r}}{\mu'_{X_r}}(1 + \alpha'_r\beta\sigma'_{X_r})^{-1}\eta_r \quad (r = m+1,\cdots,n) \tag{5-35b}$$

这样，我们就有可能按照一定的要求，先对不超过($n-1$)个的基本变量选定合适的分项系数，再按条件式(5-28)确定其他分项系数。

事先确定的分项系数，一般可按其变异性的大小来选定。变异性大的变量，其分项系数可相对于变异性小的变量取得大些。出于心理上的考虑，分项系数一般都选取大于1的数值。

三、规范设计表达式

长期以来，工程结构设计人员已习惯于采用基本变量的标准值进行结构设计。各国结构设计规范在确定设计表达式时，几乎都经历了从单一系数表达式向分项系数表达式的演变。如果采用单一系数表达式，对于同一种结构构件，当荷载效应比值(即可变荷载效应与恒载效应的比值)变化时，可靠指标变化较大，亦即可靠度一致性较差。这是因为可变荷载的差异性比恒载大，因此当可变荷载占主要地位时，由同一设计表达式设计的结构，其可靠度将降低。如果采用多系数表达式，结构可获得较好的可靠度一致性。因此国际上通常采用下列设计表达式：

$$\gamma_0\left(\gamma_G S_{Gk}+\gamma_{Q1}S_{Q1k}+\sum_{i=2}^{n}\gamma_{Qi}\psi_{ci}S_{Qik}\right)\leqslant\frac{1}{\gamma_R}R(f_k,a_k,\cdots)\tag{5-36}$$

式中：γ_0——结构重要性系数；

γ_G——恒载分项系数；

γ_{Q1}、γ_{Qi}——第一个和第i个可变荷载分项系数；

S_{Gk}——恒载标准值效应；

S_{Q1k}——第一个可变荷载标准值效应，该效应大于其他任何第i个可变荷载标准值效应；

S_{Qik}——第i个可变荷载标准值效应；

ψ_{ci}——第i个可变荷载的组合值系数；

$R(\cdots)$——结构构件的抗力函数；

γ_R——结构构件抗力分项系数；

f_k——材料性能的标准值；

a_k——几何尺寸的标准值。

采用式(5-36)形式的设计表达式具有很大的适用性，例如，当恒载与可变荷载效应符号相反时，可通过调整分项系数而达到较好的可靠度一致性；又如，当有多个可变荷载时，通过采用可变荷载的组合值系数，使结构设计的可靠度保持一致；再如，对于重要性不同的结构，通过采用结构重要性系数，使非同等重要的结构可靠度水准不同；再如，对于不同材料工作性质的结构，通过调整抗力分项系数，以适应不同材料结构可靠度水平要求不同的需要。

应该指出，由于各国荷载和抗力标准值确定的方式不同，设计目标可靠度的水准也有差异，因此不同国家结构设计表达式的分项系数取值均不一致。各个国家的荷载分项系数、抗力分项系数与荷载标准值和抗力标准值是配套使用的，它们作为设计表达式中的一个整体，有确定的概率可靠度意义。千万不能采用某一个国家的荷载标准值或抗力标准值，而套用另一个国家的设计表达式进行结构设计。

四、Hasofer-Lind 优化设计法

工程设计中有很多计算参数是随机变量。可靠性设计方法是建立在概率统计基础上的，

它和安全系数法相比具有明显的优越性。1992 年制定的《工程结构可靠度设计统一标准》(GB50153－92)，标志着以二阶矩为基础的结构可靠度分析方法已进入实用化阶段。在岩土工程的设计方面，已经从定值设计法向极限状态设计法过渡。

在岩土工程的可靠度计算中，不仅基本变量有着自相关性，而且基本变量之间往往存在较强的互相关性。基本变量的自相关性应在参数统计时加以考虑，而基本变量之间的相关性则应该在可靠度计算过程中加以考虑。基本变量之间往往存在着较强的相关性，特别是土体的 γ, c, φ 之间相关性更强。忽略这种相关性将给斜坡岩土体的可靠度计算结果带来较大的影响，并且是偏于不安全的。

工程中常用的是 Hasofer 和 Lind 提出的不变二阶矩可靠度指标 β。岩土工程的可靠度计算与分析的 Hasofer－Lind 法计算模型，是 1974 年由 Abaham M. Hasofer 和 Niels C. Lind 首次提出，其对岩土工程领域的工程结构体系的可靠度计算产生了相当大的影响。在随后的工程实践活动中，新加坡南洋理工大学的 Low bak kong 对其进行了改进，计算环境采用基于 Microsoft 公司的 Excel 软件的规划求解器。在用 Hasofer－Lind 优化法求解可靠度指标 β 时，利用 Microsoft 公司的 Excel 软件的规划求解器进行优化求解，可避免求极限状态函数对基本变量的偏导数以及相关变量的独立变换这两个问题。

在求解过程中，用差分代替导数，省去了人工求极限状态方程对基本变量的偏导数的工作量。特别是当进行复杂问题的可靠度计算时，极限状态方程一般是基本变量的复杂函数，有时甚至是隐函数，且基本变量之间又可能具有较强的相关性，用规划求解器求解有明显的优越性。甚至当基本变量是非正态分布时，同样可以利用 Excel 进行当量正态化。实际算例也证实了这种方法的可靠性和高效性。

Hasofer－Lind 可靠度指标 β 计算原理如图 5－3 所示。

在 Hasofer－Lind 可靠度指标 β 的计算过程中，为了避免相关变量的独立变换以及验算点一次二阶矩法求解时的对极限状态函数求偏导数，我们采用了直接在基本变量空间中求解

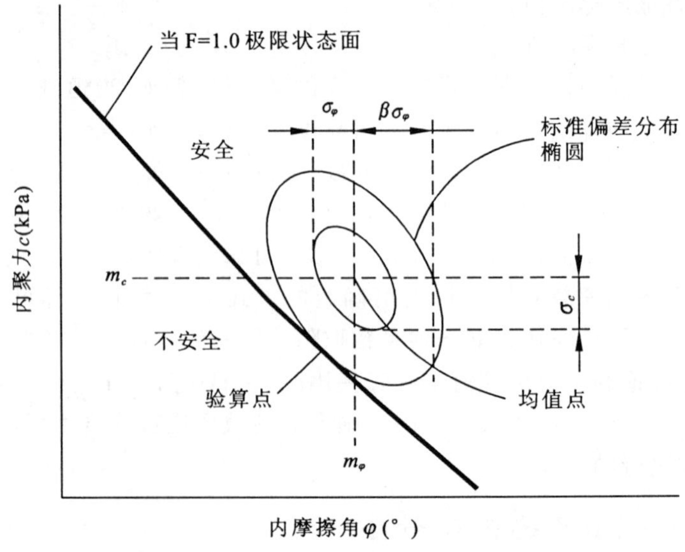

图 5－3　Hasofer－Lind 可靠度指标 β 计算原理图

可靠度指标 β 的优化方法

$$\beta=\min[(\{X\}-E(\{X\}))^T[C_X]^{-1}(\{X\}-E(\{X\}))]^{1/2} \tag{5-37}$$

约束条件：$g(X_1,X_2,\cdots,X_n)=0$

式中：$E(\{X\})=\{m_1,m_2,\cdots,m_n\}^T$，是均值列向量，满足上式的极值点。

$X^*=\{X_1^*,X_2^*,\cdots,X_n^*\}^T=0$ 就是设计验算点。为简便起见，在不引起混淆的前提下，以 X 代替 $\{X\}$，m 代替 $E(\{X\})$，c 代替 $[C_X]$。“$(X-m)^TC^{-1}(X-m)$”是一个二次型，注意到它同样也出现在 n 维联合正态分布密度函数的指数中。

$$f_X(X_1,X_2,\cdots,X_n)=(2\pi)^{-n/2}\mid C\mid^{-1/2}\exp=\left[-\frac{1}{2}(X-m)^TC^{-1}(X-m)\right]$$

因此，要使 β 值最小，就是使基本变量联合分布函数的概率密度值最大，这也是可靠性分析中设计验算点的本质之所在。可见用式(5-37)求解 β 具有很直观的意义。

式(5-37)是一个求极小值的优化问题，可以用拉格朗日数乘法说明其求解过程。令

$$d=[(X-m)^TC^{-1}(X-m)]^{1/2} \tag{5-38}$$

构造拉格朗日函数：

$$L=[(X-m)^TC^{-1}(X-m)]^{1/2}+\lambda g(X)=d+\lambda g(X)$$

式中 λ 是拉格朗日乘子。分别将拉格朗日函数对 X 和 λ 求偏导，并令其等于零，则共有 $n+1$ 个方程，可解出 $n+1$ 个未知数 $X_1^*,X_2^*,\cdots,X_n^*,\lambda$，则极值点为 X_1^*，进而可以用式(5-37)求出 β 的值。引入梯度向量记号

$$\nabla G(X)=\left(\frac{\partial g}{\partial X_1},\frac{\partial g}{\partial X_2},\cdots,\frac{\partial g}{\partial X_n}\right)^T$$

将方程组写成向量的形式

$$\left.\begin{aligned}&\frac{\partial L}{\partial X}=0\quad\Rightarrow\frac{C^{-1}(X-m)}{d}+\lambda\cdot\nabla G(X)=0\\&\frac{\partial L}{\partial X}=0\quad\Rightarrow g(X_1,X_2,\cdots,X_n)=0\end{aligned}\right\} \tag{5-39}$$

通过式(5-38)和式(5-39)可以解得

$$\lambda=[(\nabla G)^TC\nabla G]^{-1/2}$$

$$(X-m)=\frac{-dC\nabla G}{[(\nabla G)^TC\nabla G]^{1/2}}$$

代入式(5-39)可得

$$d=\frac{-(\nabla G)^T(X-m)}{[(\nabla G)^TC\nabla G]^{1/2}}$$

所以，可靠度指标就是验算点处的 d 值(最小值)

$$\beta=\min d=\frac{-(\nabla G^*)^T(X^*-m)}{[(\nabla G^*)^TC\nabla G^*]^{1/2}} \tag{5-40}$$

式中 ∇G^* 表示梯度向量在设计验算点 X^* 处的值

$$X^*=m-\frac{\beta C\nabla G^*}{[(\nabla G^*)^TC\nabla G^*]^{1/2}} \tag{5-41}$$

如果将式(5-40)、式(5-41)改写成基本变量表达的公式，则与一次二阶矩法计算式本质是一样的。所以式(5-37)优化求解与将极限状态方程在设计验算点处的泰勒展开用可靠度指标的定义式(均值比标准差)求得的结果是一样的。为了求解方便，将式(5-37)改写为

$$\beta = \min\left\{\left[\frac{X_i - m_i}{\sigma_i}\right]^T [\rho]^{-1}\left[\frac{X_j - m_j}{\sigma_j}\right]\right\}^{1/2} \tag{5-42}$$

式中$[\rho]$是基本变量的相关矩阵。可以用优化方法直接求解,求解过程是在基本变量空间中进行的,直接输入变量的相关系数矩阵,而不进行正交变换。

第三节　常用结构可靠度设计方法

一、抗滑桩支挡结构体系

抗滑桩是穿过滑坡体固定滑床,用于阻挡滑坡体的滑动力,是一种特殊的侧向受荷抗剪和抗弯结构,主要依靠埋入滑面以下部分的锚固作用和被动抗力,以及滑面以上桩前滑体的被动抗力来平衡滑坡体的推力,从而使边坡保持平衡或稳定,是地质灾害处置工程中应用得最为广泛的基础工程结构。抗滑桩治理边坡的优点是山体破坏小,施工时不会破坏、扰动边坡安全,工期短等。抗滑桩要有足够的强度以防止桩体被剪断或推弯,通常是采用增大桩的截面或增加配筋来解决,并且桩身要有足够的锚固深度以避免抗滑桩被推倒。桩的水平承载力(弯矩和剪力)对于抗滑桩结构物有着重要意义。单根桩的承载能力受到各种不确定因素的制约和影响,这些不确定因素涉及桩本身强度方面的有:材料的性能(弹性模量、屈服极限等)、几何尺度变异,等等;涉及桩土相互作用的如:地基土的物理性质的变异等;另外所选择的计算模型和计算方法也会对结构的承载力产生影响。因此,只有综合考虑了各种不确定因素,并应用结构可靠性分析理论进行分析,才有可能对桩的安全性作出符合实际的评价。

(一)抗滑桩设计计算原理

作用于抗滑桩的外力主要有:滑坡推力、受荷段及锚固段地层抗力、桩侧摩阻力与粘着力以及桩底应力。抗滑桩截面越大,相应桩周面积也越大,桩与地层的摩阻力与粘着力也就大,由此产生的平衡弯矩显然对桩有利,但其计算复杂,一般不考虑。抗滑桩的基底应力主要是由自重引起的,而桩侧摩阻力与粘着力又减少或抵消了一部分自重,事实上,桩底应力一般相当小,而且在完整的岩层中桩底还可能出现拉应力,情况比较复杂。为简化计算,通常桩底应力也忽略不计。

1.滑坡推力计算

在抗滑桩滑坡推力一般采用传递系数法,任取一滑块,如图 5-4 所示。

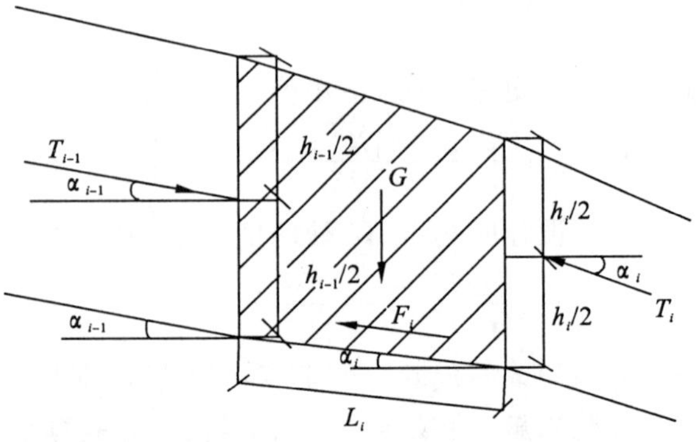

图 5-4　滑体任一分块的基本力系示意图

根据力的平衡原理可知第 i 条滑块的末端滑坡推力的基本计算公式

$$\left.\begin{aligned} T_i &= KG_i\sin\alpha_i + \Psi T_{i-1} - G\cos\alpha_i\tan\alpha_i - c_iL_i \\ \Psi &= \cos(\alpha_{i-1}-\alpha_i) - \sin(\alpha_{i-1}-\alpha_i)\tan\varphi_i \end{aligned}\right\} \tag{5-43}$$

式中：T_i——第 i 条块末端的滑坡推力(kN/m)；

G_i——第 i 条块滑体的重力(kN/m)；

K——安全系数，一般采用 1.05～1.25；

α_i——第 i 条块所在滑动面的倾角；

α_{i-1}——第 $i-1$ 条块在滑动面的倾角；

Ψ——传递系数；

c_i——第 i 条块所在滑动面的单位内聚力(kPa)；

φ_i——第 i 条块所在滑动面的内摩擦角(°)；

L_i——第 i 条块所在滑动面的长度(m)。

2. 桩的锚固深度

桩的锚固深度与稳定地层的强度、桩承受的滑坡推力、桩的相对刚度及桩前滑体对桩的反力等因素有关。一般可采取缩小桩的间距，减少每根桩所承受的滑坡推力，或增加桩的相对刚度等措施来减少锚固深度。原则上由桩的锚固段传递到滑面以下地层的侧向压应力不得大于该地层的容许侧向抗压强度、桩基底的压应力不得大于地基的容许承载力来确定。

(1)锚固段地层为土层及严重风化破碎岩层。

$$\sigma_{\max} \leqslant \frac{4}{\cos\varphi}(\gamma h\tan\varphi + c) \tag{5-44}$$

式中：$\sigma_{\max}$——桩身对地层的侧压应力(kPa)；

γ——地层岩(土)的重度(kN/m^3)；

φ——地层岩(土)的内摩擦角(°)；

c——地层岩(土)的内聚力(kPa)；

h——地面至计算点的深度(m)。

(2)锚固段地层为比较完整的岩质、半岩质地层。

$$\sigma_{\max} \leqslant K'_1K'_2R_0 \tag{5-45}$$

式中：K'_1——折减系数，据岩层倾角的大小取值，一般为 0.5～1.0；

K'_2——折减系数，据岩层产状的破碎度和软化度取值，一般为 0.3～0.5；

R_0——岩石的单轴抗压极限强度(kPa)。

根据经验，对于土层或软质岩层，锚固深度取 1/2～1/3 桩长较合适，而对于硬的岩层一般取 1/4。

3. 内力和变位计算

根据滑坡推力和桩前滑坡体抗力可以求出滑动面以上的桩身内力，而滑动面以下的桩身变位和内力可以据滑动面处的弯矩和剪力来计算，地基的弹性抗力可以按照地基梁理论计算，在很多文献中均有介绍“K”法和“m”法的计算原理，在此不再赘述。

(二)抗滑桩可靠度理论分析

本书采用改进二阶矩理论即验算点法对刚性抗滑桩锚固深度进行分析。对刚性桩的可靠性设计假定桩身埋入一种地层、滑面处桩前后弹性抗力系数相等、桩底为自由支承，如图 5-5

所示。

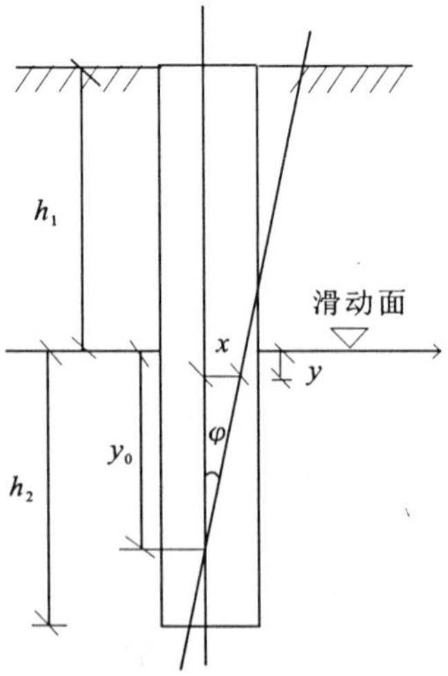

图 5－5　抗滑刚性桩分析

1. 对于地基系数随深度呈直线变化，即 $K=A+my$

(1)锚固段地层为土层及严重风化破碎岩层。

当 $y=\frac{y_0}{2}-\frac{A}{2m}$ 时

$$\sigma_{\max}=\frac{3\Delta T}{8mB_p}\left(\frac{16A^2+24Amh_2+9m^2h_2^2}{6Ah_2^2+mh_2^3}\right) \tag{5-46}$$

式中：ΔT——滑坡推力与剩余抗滑力之差(kN)；

A——滑面处弹性抗力系数；

B_p——桩的正面计算宽度；

y——桩计算截面至滑面的距离(m)；

h_2——滑动面以下桩的长度(m)；

h_0——ΔT 作用点到滑面的垂直距离(m)。

状态函数为：

$$g_1(\Delta T,A,m,c,\varphi,\gamma)=\frac{4}{\cos\varphi}\left[(\gamma_1h_1+\frac{3}{8}\gamma_2h_2-\frac{A\lambda_2}{2m})\tan\varphi+c\right]-\frac{3\Delta T}{8mB_p}\left(\frac{16A^2+24Amh_2+9m^2h_2^2}{6Ah_2^2+mh_2^3}\right) \tag{5-47}$$

当 $y=h_2$ 时

$$\sigma_{\max}=\frac{\Delta T}{B_ph_2}+\frac{5m\Delta T}{B_p(6A+mh_2)} \tag{5-48}$$

状态函数为：

$$g_2(\Delta T,A,m,c,\varphi,\gamma)=\frac{4}{\cos\varphi}\left[(\gamma_1h_1+\frac{3}{8}\gamma_2h_2-\frac{A\lambda_2}{2m})\tan\varphi+c\right]-\left[\frac{\Delta T}{B_ph_2}+\frac{5m\Delta T}{B_p(6A+mh_2)}\right] \tag{5-49}$$

(2)锚固段地层为比较完整的岩质、半岩质地层。

当 $y=\frac{y_0}{2}-\frac{A}{2m}$时

$$\sigma_{\max}=\frac{3\Delta T}{8mB_p}\left(\frac{16A^2+24Amh_2+9m^2h_2^2}{6Ah_2^2+mh_2^3}\right) \tag{5-50}$$

状态函数为：

$$g_3(\Delta T,A,m,R_0)=K'_1K'_2R_0-\left[\frac{3\Delta T}{8mB_p}\left(\frac{16A^2+24Amh_2+9m^2h_2^2}{6Ah_2^2+mh_2^3}\right)\right] \tag{5-51}$$

当 $y=h_2$ 时

$$\sigma_{\max}=\frac{\Delta T}{B_ph_2}+\frac{5m\Delta T}{B_p(6A+mh_2)} \tag{5-52}$$

状态函数为：

$$g_4(\Delta T,A,m,\gamma)=K'_1K'_2R_0-\left[\frac{\Delta T}{B_ph_2}+\frac{5m\Delta T}{B_p(6A+mh_2)}\right] \tag{5-53}$$

2. 地基系数不随深度而变化，即 $K=A$

(1)锚固段地层为土层及严重风化破碎岩层。

$$\sigma_{\max}=\frac{2\Delta T(3h_0+2h_2)}{B_ph_2^2} \tag{5-54}$$

状态函数为：

$$g_5(\Delta T,m,c,\varphi,\gamma)=\frac{4}{\cos\varphi}\left[(\gamma_1h_1+\frac{3}{8}\gamma_2h_2-\frac{A\lambda_2}{2m})\tan\varphi+c\right]-\left[\frac{\Delta T}{B_ph_2}+\frac{5m\Delta T}{B_p(6A+mh_2)}\right] \tag{5-55}$$

(2)锚固段地层为比较完整的岩质、半岩质地层。

$$\sigma_{\max}=\frac{2\Delta T(3h_0+2h_2)}{B_ph_2^2} \tag{5-56}$$

状态函数为：

$$g_6(\Delta T,R_0)=K'_1K'_2R_0-\frac{2\Delta T(3h_0+2h_2)}{B_ph_2^2} \tag{5-57}$$

据第四章第二节可靠度分析方法，分别对各个状态函数中的随机变量求偏导数，在均值处取值，取级数的线性项，得 Z 的一次近似均值和方差。

$$\mu_Z\approx g_1(\gamma,c,\varphi,c_w,\delta,q,\mu)$$

$$\sigma_z^2\approx\sum_{i=1}^{n}\left(\frac{\partial g}{\partial x_i}\right)^2\sigma_{x_i}^2+\sum_{i=1}^{n}\sum_{j=1}^{n}\mathrm{cov}(x_i,x_j)\times\left(\frac{\partial g}{\partial x_i}\right)\left(\frac{\partial g}{\partial x_j}\right)\quad(i\neq j) \tag{5-58}$$

由此可得出抗滑移稳定的可靠指标公式为：

$$\beta=\frac{g_1(\gamma,c,\varphi,c_w,\delta,q,\mu)}{\left[\sum_{i=1}^{n}\left(\frac{\partial g_1}{\partial X_i}\bigg|\mu\cdot\sigma_{X_i}\right)^2\right]^{\frac{1}{2}}} \tag{5-59}$$

(三)工程实例

设抗滑桩设置在一段滑面接近水平的滑坡体前缘，上层滑坡体为粘土，在设桩处滑动面以上土体厚 5.0m，土的天然重度 $\gamma_1=20\mathrm{kN/m^3}$、内聚力 $c=20\mathrm{kPa}$、内摩擦角 $\varphi=18^\circ$，滑床为强风化泥质岩，$\gamma_2=21\text{kN/m}^3$、内聚力 $c=35\text{kPa}$、内摩擦角 $\varphi=30°$，滑坡推力为 1 200kN/m，其滑坡推力设为均匀分布，桩前剩余抗滑力为 220 kN/m，滑动面处的地基系数 $m=30\ 000\text{kN/m}^4$，滑面处地基系数 $A=80\ 000\text{kN/m}^3$。

抗滑桩的截面尺寸 $b\times a=2\times 3\text{m}^2$，桩间距 $L=5\text{m}$，受荷段 $h_1=10\text{m}$，锚固段 $h_2=8\text{m}$，桩的计算宽度 $B_p=3\text{m}$，桩的变形系数 $\alpha=0.296\ 8\text{m}^{-1}$，桩的计算深度 $\alpha\times h_2=2.374\ 4\text{m}$，属于刚性桩。若该边坡安全等级为三级，对应的强度折减系数 $F_s=1.2$，则按常规计算，抗滑桩锚固深度满足设计要求。

假定各随机变量相互独立且都服从正态分布，各随机变量统计参数如表 5-4 所示。

表 5-4　随机变量的统计参数

变量	ΔT(kN)	A(kN/m³)	m(kN/m⁴)	γ_1(kN/m³)	γ_2(kN/m³)	φ(°)
μ	5 800	80 000	30 000	20	21	30
σ	90	8 000	5 500	1.1	2.0	4

由上述推导结论，极限状态函数对各个随机变量求导得：

$$g_2=\frac{4}{\cos\varphi}\left[(\gamma_1h_1+\frac{3}{8}\gamma_2h_2-\frac{A\lambda_2}{2m})\tan\varphi+c\right]-\left[\frac{\Delta T}{B_ph_2}+\frac{5m\Delta T}{B_p(6A+mh_2)}\right]$$

$$\frac{\partial g_2}{\partial\Delta T}=\frac{1}{B_ph_2}+\frac{5m}{B_p(6A+mh_2)}=-0.111\ 1$$

$$\frac{\partial g_2}{\partial m}=\frac{5\Delta T}{B_p(6A+mh_2)}-\frac{5m\Delta Th_2}{B_p(6A+mh_2)^2}=-0.011\ 9$$

$$\frac{\partial g_2}{\partial\gamma_1}=\frac{4h_1\tan\varphi}{\cos\varphi}=26.666\ 7$$

$$\frac{\partial g_2}{\partial\gamma_1}=\frac{4h_2\tan\varphi}{\cos\varphi}=21.333\ 3$$

$$\frac{\partial g_2}{\partial A}=\frac{-30m\Delta T}{B_p(6A+mh_2)^2}=0.003\ 3$$

$$\frac{\partial g_2}{\partial\varphi}=\frac{4\sin\varphi}{\cos^2\varphi}[(\gamma_1h_1+\gamma_2h_2)\tan\varphi+c]+\frac{4}{\cos^3}(\gamma_1h_1+\gamma_2h_2)=4\ 059.345$$

$$\mu_{g_2}=\frac{-\mu_{\Delta T}}{B_ph_2}-\frac{5\mu_m\mu_{\Delta T}}{B_p(6\mu_A+\mu_mh_2)}+\frac{4\tan\mu_\varphi}{\cos\mu_\varphi}(\mu_{\gamma_1}h_1+\mu_{\gamma_2}h_2)=1\ 218.972(\text{kPa})$$

$$\sigma_{g_2}=\sqrt{\left(\frac{\partial_{g_2}}{\partial_{\Delta T}}\right)^2\cdot\sigma_{\Delta T}^2+\left(\frac{\partial_{g_2}}{\partial_A}\right)^2\cdot\sigma_A^2+\left(\frac{\partial_{g_2}}{\partial_m}\right)^2\cdot\sigma_m^2+\left(\frac{\partial_{g_2}}{\partial_{r_1}}\right)^2\cdot\sigma_{r_1}^2+\left(\frac{\partial_{g_2}}{\partial_{r_2}}\right)^2\cdot\sigma_{r_2}^2+\left(\frac{\partial_{g_2}}{\partial_\varphi}\right)^2\cdot\sigma_\varphi^2}$$
$$=1\ 623.761\ 9(\text{kPa})$$

可靠度指标

$$\beta_2=\frac{\mu_{g_2}}{\sigma_{g_2}}=0.75$$

失效概率

$$P_{f_2}=1-\Phi(\beta_2)=25.78(\%)$$

二、挡土墙支挡结构体系

挡土墙稳定性分析常采用以安全系数表示安全程度的定值分析方法，在挡土墙稳定极限状态方程中的土压力计算多采用经典的朗肯或库仑理论进行分析，适用范围受到局限，如朗肯理论只适用墙背直立光滑、填土面水平的情况，而库仑理论只适用墙后填土为无粘性土。然而，在挡土墙稳定分析中存在着大量的不确定因素，例如：土体的重度、内摩擦角、内聚力等物理力学参数，这些都是随机变量。对于挡土墙的失稳可以视为是随机过程，挡土墙的稳定性也是一个模糊概念。学者 Harre Hoeg 和 Ramesh P. Murarka 最早将可靠度理论应用于挡土墙的分析设计，通过结构可靠度分析可以很好地解决这一问题。这种方法与定值分析法的主要区别在于考虑了各设计变量的随机性，采用概率值来定量地度量挡土墙的可靠度，从而更真实科学地反映客观情况。本书以《建筑地基基础设计规范》(GB50007－2002)规定的挡土墙稳定验算方法为基础，在库仑理论计算的基础上，用一次二阶矩理论的中心点法对抗滑挡土墙稳定可靠度进行分析。

挡土墙的失稳模式为整体失稳、抗倾覆、抗水平滑移(含墙体内破裂滑移)、地基承载力丧失等，其中，整体失稳破坏模式需要判定滑动面的位置较复杂，而地基承载力丧失的问题出现得较少，本书主要对挡土墙破坏的主要模式抗倾覆、抗水平滑移(沿墙基底滑移)进行可靠度研究。

(一)计算的基本内容

抗滑移稳定性要求墙身沿基底不产生滑动破坏，其数学表达式为：

$$F_R \geqslant F_S \tag{5-60}$$

式中：F_R、F_S 分别为抗滑力和滑动力。

抗倾覆稳定性要求墙身绕墙趾不产生倾覆破坏，其数学表达式为：

$$M_R \geqslant M_S \tag{5-61}$$

式中：M_R、M_S 分别为抗倾力矩和倾覆力矩。

通过上面的分析可知，当挡土墙的抗力(F_R,M_R)分别大于它的荷载效应(F_S,M_S)时，挡土坡的稳定性将处于可靠状态，由此，可建立挡土墙稳定性的极限状态方程如下：

$$Z_1 = g_1(F_R, F_S) = F_R - F_S = 0 \tag{5-62}$$

$$Z_2 = g_2(M_R, M_S) = M_R - M_S = 0 \tag{5-63}$$

1. 抗滑移

作用于挡土墙上的作用力如图 5－6 所示有墙身自重 G、墙后填土产生的主动土压力 T_a、墙前被动土压力 T_p，略去墙前被动土压力 T_p，重力式挡墙的抗滑移稳定性应按下式验算。

$$\frac{(G_n + T_{an})\mu}{T_{at} - G_t} \geqslant k \tag{5-64}$$

式中：$G_n = G\cos\alpha_0$—— 垂直于墙基面每延米的自重、扬压力和浮力值(kN/m)；

$G_t = G\sin\alpha_0$ ——平行于墙基面每延米的自重、扬压力和浮力值(kN/m)；

T——设计推力值；

$T_{an} = T_a\cos(\alpha - \alpha_0 - \delta)$ ——垂直于墙基面每延米的设计推力值(kN/m)；

$T_{at} = T_a\sin(\alpha - \alpha_0 - \delta)$ ——平行于墙基面每延米的设计推力值(kN/m)；

α_0——挡墙基底倾角(°)；

α——挡墙墙背倾角(°)；

δ——岩土对挡墙墙背摩擦角(°)；

μ——岩土对挡墙基底的摩擦系数；

k——一般取为1.0。

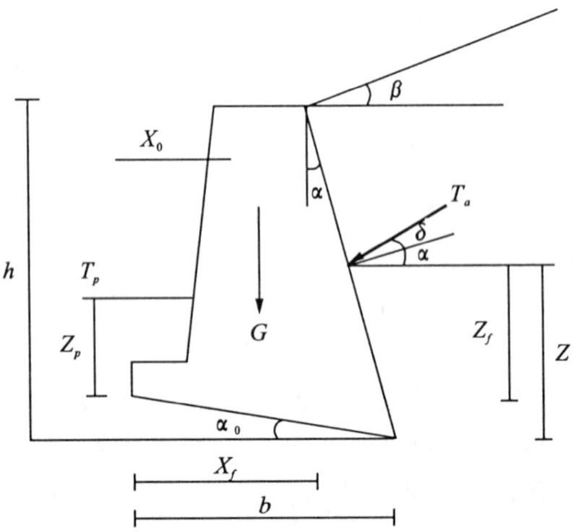

图5-6　挡土墙受力图

因此，抗水平滑移的极限状态方程为：

$$\begin{aligned} Z_1 &= (G_n + T_{an})\mu - (T_{at} - G_t) \\ &= [G \cdot \cos\alpha_0 + T_a \cdot \sin(\alpha + \alpha_0 + \delta)] \cdot \mu - [T_a \cdot \cos(\alpha + \alpha_0 + \delta) \\ &\quad - G \cdot \sin\alpha_0] \\ &= 0 \end{aligned} \tag{5-65}$$

挡土墙土压力的主要因素有墙后填土的重度γ、内摩擦角φ、内聚力c、墙背与填土之间的摩擦角δ和单位粘着力c_w，以及墙顶超载q等，因此，挡土坡抗滑移的状态函数可写成：

$$\begin{aligned} Z_1 &= g_1(\gamma, c, \varphi, c_w, \delta, q, u) \\ &= [G\cos\alpha_0 + T_a\sin(\alpha + \alpha_0 + \delta)]\mu - [T_a\cos(\alpha + \alpha_0 + \delta) - G\sin\alpha_0] \end{aligned} \tag{5-66}$$

2. 抗倾覆

重力式挡土墙抗倾覆稳定性要求墙身不产生绕墙趾的倾覆破坏，其抗倾覆稳定性应按下式验算。

$$k_c \geqslant \frac{\sum M_R}{\sum M_S} \tag{5-67}$$

式中：$\sum M_R$——稳定力系对墙趾的总力矩(kN·m)；

$\sum M_S$——倾复力系对墙趾的总力矩(kN·m)；

k_c——抗倾复稳定安全系数，k_c=1.6。

因此，抗倾覆的极限状态方程为：

$$
\begin{aligned}
Z_2 &= \sum M_R - \sum M_S \\
&= Gx_0 + T_a \sin(\alpha+\delta) \cdot (b - z\tan\alpha) - T_a \cos(\alpha+\beta) \cdot (z - b\tan\alpha) \\
&= 0
\end{aligned}
\tag{5-68}
$$

状态函数为：

$$
\begin{aligned}
Z_2 &= g_2(\gamma, c, \varphi, c_w, \delta, q) \\
&= Gx_0 + T_a \sin(\alpha+\beta) \cdot (b - z\tan\alpha) - T_a \cos(\alpha+\beta) \cdot (z - b\tan\alpha)
\end{aligned}
\tag{5-69}
$$

挡土墙的两类失效模式任何一个失效，即可认为挡土墙失效，所以对挡土墙失效与否，抗滑移与抗倾覆是串联式的关系。因此对挡土墙仅考虑二类失效模式时可靠度可以表示为

$$P_r = P_{r0} P_{r1} \tag{5-70}$$

（二）挡土墙可靠度设计

本书对于抗滑挡土墙整体稳定的可靠指标计算采用均值一阶二阶矩可靠度方法 Z（MFORM）。

1. 抗滑移

通过上面分析，挡土墙抗滑移的状态函数为 $Z_1 = g_1(\gamma, c, \varphi, c_w, \delta, q, \mu)$，设 $\gamma, c, \varphi, c_w, \delta$ 为不相关随机变量，将函数 $g_1(\gamma, c, \varphi, c_w, \delta, q, u)$ 按式（4-28）展开泰勒级数

$$
\begin{aligned}
Z &= g_1(\gamma, c, \varphi, c_w, \delta, q, \mu) \\
&= \sum_{i=1}^{n} (x_i - \mu_{x_i}) \frac{\partial g}{\partial x_i} + \frac{1}{2} \sum_{i=1}^{n} \sum_{j=1}^{n} (x_i - \mu_{x_i})(x_j - \mu_{x_j}) \frac{\partial^2 g}{\partial x_i \partial x_j}
\end{aligned}
\tag{5-71}
$$

抗滑移状态函数对于各随机变量的偏导数为：

$$\frac{\partial g_1}{\partial r} = \frac{\partial T_a}{\partial \gamma} \sin(\alpha + \alpha_0 + \delta) \cdot \mu - \frac{\partial T_a}{\partial \gamma} \cos(\alpha + \alpha_0 + \delta) \tag{5-72}$$

$$\frac{\partial g_1}{\partial \varphi} = \frac{\partial T_a}{\partial \varphi} \sin(\alpha + \alpha_0 + \delta) \cdot \mu - \frac{\partial T_a}{\partial \varphi} \cos(\alpha + \alpha_0 + \delta) \tag{5-73}$$

$$\frac{\partial g_1}{\partial c} = \frac{\partial T_a}{\partial c} \sin(\alpha + \alpha_0 + \delta) \cdot \mu - \frac{\partial T_a}{\partial c} \cos(\alpha + \alpha_0 + \delta) \tag{5-74}$$

$$\frac{\partial g_1}{\partial c_w} = \frac{\partial T_a}{\partial c_w} \sin(\alpha + \alpha_0 + \delta) \cdot \mu - \frac{\partial T_a}{\partial c_w} \cos(\alpha + \alpha_0 + \delta) \tag{5-75}$$

$$\frac{\partial g_1}{\partial q} = \frac{\partial T_a}{\partial q} \sin(\alpha + \alpha_0 + \delta) \cdot \mu - \frac{\partial T_a}{\partial q} \cos(\alpha + \alpha_0 + \delta) \tag{5-76}$$

$$
\begin{aligned}
\frac{\partial g_1}{\partial \delta} &= \left[\frac{\partial T_a}{\partial \delta} \sin(\alpha + \alpha_0 + \delta) + T_a \cos(\alpha + \alpha_0 + \delta)\right] \cdot \mu \\
&\quad - \left[\frac{\partial T_a}{\partial \delta} \cos(\alpha + \alpha_0 + \delta) - T_a \sin(\alpha + \alpha_0 + \delta)\right]
\end{aligned}
\tag{5-77}
$$

$$\frac{\partial g_1}{\partial \mu} = G\cos\alpha_0 + T_a \sin(\alpha + \alpha_0 + \delta) \tag{5-78}$$

式中各偏导数均在均值处取值，取级数的线性项，得 Z 的一次近似均值和方差

$$\mu_Z \approx g_1(\gamma, c, \varphi, c_w, \delta, q, \mu)$$

$$\sigma_z^2 \approx \sum_{i=1}^{n} \left(\frac{\partial g}{\partial x_i}\right)^2 \sigma_{x_i}^2 + \sum_{i=1}^{n} \sum_{j=1}^{n} \mathrm{cov}(x_i, x_j) \times \left(\frac{\partial g}{\partial x_i}\right)\left(\frac{\partial g}{\partial x_j}\right) \quad (i \neq j) \tag{5-79}$$

由此可得出抗滑移稳定的可靠指标公式为：

$$\beta=\frac{g_1(\gamma,c,\varphi,c_w,\delta,q,\mu)}{[\sum_{i=1}^{n}(\frac{\partial g_1}{\partial X_i}\mid\mu\cdot\sigma_{X_i})^2]^{\frac{1}{2}}} \tag{5-80}$$

2.抗倾覆

挡土墙抗倾覆状态函数 $Z_2=g_2(\gamma,c,\varphi,c_w,\delta,q)$，设 $\gamma,c,\varphi,c_w,\delta$ 为不相关随机变量，按(4-28)展开的泰勒级数为：

$$Z=g_2(\gamma,c,\varphi,c_w,\delta,q)+\sum_{i=1}^{n}(x_i-\mu_{x_i})\frac{\partial g}{\partial x_i}+\frac{1}{2}\sum_{i=1}^{n}\sum_{j=1}^{n}(x_i-\mu_{x_i})(x_j-\mu_{x_j})\frac{\partial^2 g}{\partial x_i\partial x_j} \tag{5-81}$$

对各随机变量的偏导数为：

$$\frac{\partial g_2}{\partial\gamma}=\frac{\partial T_a}{\partial\gamma}\sin(\alpha+\beta)\cdot x_f-\frac{\partial T_a}{\partial\gamma}\cos(\alpha+\beta)\cdot z_f \tag{5-82}$$

$$\frac{\partial g_2}{\partial\varphi}=\frac{\partial T_a}{\partial\varphi}\sin(\alpha+\beta)\cdot x_f-\frac{\partial T_a}{\partial\varphi}\cos(\alpha+\beta)\cdot z_f \tag{5-83}$$

$$\frac{\partial g_2}{\partial c_w}=\frac{\partial T_a}{\partial c_w}\sin(\alpha+\beta)\cdot x_f-\frac{\partial T_a}{\partial c_w}\cos(\alpha+\beta)\cdot z_f \tag{5-84}$$

$$\frac{\partial g_2}{\partial c}=\frac{\partial T_a}{\partial c}\sin(\alpha+\beta)\cdot x_f-\frac{\partial T_a}{\partial c}\cos(\alpha+\beta)\cdot z_f \tag{5-85}$$

$$\frac{\partial g_2}{\partial q}=\frac{\partial T_a}{\partial q}\sin(\alpha+\beta)\cdot x_f-\frac{\partial T_a}{\partial q}\cos(\alpha+\beta)\cdot z_f \tag{5-86}$$

$$\frac{\partial g_2}{\partial\delta}=[\frac{\partial T_a}{\partial\delta}\sin(\alpha+\beta)+T_a\cos(\alpha+\delta)]\cdot x_f-[\frac{\partial T_a}{\partial\delta}\cos(\alpha+\beta)-T_a\sin(\alpha+\beta)]z_f \tag{5-87}$$

式中各偏导数均在均值处取值，取级数的线性项，得 Z 的一次近似均值和方差

$$\mu_Z\approx g_1(\gamma,c,\varphi,c_w,\delta,q,\mu)$$

$$\sigma_z^2\approx\sum_{i=1}^{n}\left(\frac{\partial g}{\partial x_i}\right)^2\sigma_{x_i}^2+\sum_{i=1}^{n}\sum_{j=1}^{n}\text{cov}(x_i,x_j)\times\left(\frac{\partial g}{\partial x_i}\right)\left(\frac{\partial g}{\partial x_j}\right)\quad(i\neq j) \tag{5-88}$$

得出抗倾覆稳定的可靠指标公式为：

$$\beta=\frac{g_2(\gamma,c,\varphi,c_w,\delta,q,\mu)}{[\sum_{i=1}^{n}(\frac{\partial g_2}{\partial X_i}\mid\mu\cdot\sigma_{X_i})^2]^{\frac{1}{2}}} \tag{5-89}$$

(三)工程实例

设挡土墙的墙高 h=6m，其上作用一均布连续超载 q=10kPa，墙底宽 b=1.5，顶宽 a=0.5m，墙背与铅直向的夹角 α=15°。墙后填土为倾斜表面，β=10°，墙体自重 G=200kN，x_0=1.2m，x_f=2.0m，填土的天然重度 γ=20kN/m³、内摩擦角 φ=25，内聚力为 c=20kPa。填土与墙背的摩擦角 δ=15°，单位粘着力 c_w=10kPa，墙底摩擦系数 μ=0.5。

各随机变量的统计参数如表 5-5 所示。

表 5-5　各随机变量的统计参数

变量名称	γ	c	δ	φ	c_w	q	μ
平均值	20	20	15	25	10	10	0.5
标准差	1	2.5	2.5	4	1.5	2	0.1
变异系数	0.05	0.15	0.2	0.15	0.1	0.15	0.15

应用库仑压力理论，主动土压力为：

$$K_a = \frac{\cos^2(\varphi-\alpha)}{\cos^2\alpha\cos(\delta+\alpha)\left[1+\sqrt{\frac{\sin(\varphi+\delta)\sin(\varphi-\beta)}{\cos(\delta+\alpha)\cos(\alpha-\beta)}}\right]^2} = 0.252\ 3$$

$$T_a = \frac{1}{2}\gamma h^2 K_a = \frac{1}{2}\times 20\times 6^2\times 0.252\ 3 = 90.828(\text{kN/m}^3)$$

分别根据公式求出抗滑移状态函数和抗倾覆状态函数对各个随机变量的一阶导数

$$\frac{\partial g_1}{\partial\varphi} = 311.789 \qquad \frac{\partial g_1}{\partial\delta} = 169.521\ 7 \qquad \frac{\partial g_1}{\partial\gamma} = -4.420\ 6$$

$$\frac{\partial g_2}{\partial\gamma} = -3.582 \qquad \frac{\partial g_2}{\partial\varphi} = 195.876 \qquad \frac{\partial g_2}{\partial\delta} = 79.904$$

$$\frac{\partial g_2}{\partial\mu} = 132.305$$

由此根据式(5-89)可求得可靠度指标 β_1 和 β_2

$$\beta_1 = 4.397 \qquad \beta_2 = 1.796$$

相应的失效概率 P_f 为：

$$P_{f_1} = \Phi(-4.379) = 2.6e-005$$

$$P_{f_1} = \Phi(-1.796) = 0.032$$

挡土墙二类失效模式时可靠度可以表示为：

$$P_r = P_{r0}P_{r1} = 1e-005$$

三、锚杆结构体系

锚杆是岩土工程中一种安设在岩土层深处的受拉杆件，它的一端与工程构筑物相连，另一端锚固在岩土层中，用来承受土压力、水压力或风荷载等所产生的拉力，有时对其施加预应力，用以有效地承受结构载荷，防止结构变形，从而维护构筑物的稳定。砂浆锚杆目前在工程界应用较多，一般由内锚固段、自由段、锚下区 3 部分组成。位于稳定地层是内锚固段，通过地层与锚杆砂浆体之间的结合提供锚固力；位于滑移地层区是自由段，通过杆体的变位传递内锚固段与锚下荷载；锚下区是锚头处的锚固，包括锚垫板、锚下承台等。根据锚固区地层的不同，可以分为岩层锚杆和土层锚杆，前者是内锚固段位于岩层中，后者是锚固于土层中。

影响锚杆承载能力的不确定因素包括岩土性质(地层岩土的结构、强度、应力状态、含水情况、变形模量、抗剪能力、地应力等)、接触界面(锚杆筋体与砂浆体接触面、砂浆体与围岩接触面、锚固体与孔壁的内聚力、摩擦角、挤压力等)的力学性能不确定性以及在施工过程中的种种不确定性(如钻孔、浆材配置、灌浆过程中的种种随机性等)。

(一)锚杆的锚固机理

目前,对锚杆的锚固作用机理的认识还不够统一,理论尚不成熟。现在对于喷锚支护作用原理的认识主要有两种理论:一种是建立在工程结构概念上,另一种建立在岩体工程概念上。各行业的专家已将数值模拟研究与实验室试验研究结合起来,将实验室试验作为数值模拟的验证。通过大量的试验、模拟,可知对于岩层锚杆内锚固段承载能力主要取决于围岩与砂浆体接触界面抗剪能力。在砂浆与周围地层之间、筋体与砂浆之间的接触面处出现拉裂、剪切破坏区,而在砂浆与岩层间的接触面上以剪切破坏为主,筋体与周围砂浆体之间的主要破坏方式为砂浆体在自由段附近部分进入拉裂破坏。土层锚杆的锚固机理:内锚固段承载能力由土体及土体与砂浆体接触界面抗剪能力决定,且主要取决于地层抗剪内锚固段主要的破坏方式为砂浆周围土体的大面积屈服,该屈服区大大超过在接触界面上出现的剪破区,而筋体周围的砂浆体拉裂区很小,且砂浆体与钢铰线间接触界面没有出现明显的剪破区。

(二)锚杆承载可靠度设计

锚固结构体系破坏主要有三类模式:锚筋强度不够、锚筋与锚固体间粘结强度不够及锚固体与锚固地层间粘结强度不够。在常规设计中,锚筋自身的抗拉能力能得到保证,本书分别对上述两类破坏模式的可靠度进行分析。

1.锚筋与锚固体间粘结强度不够

$$p_1 = \pi \cdot d_s \cdot \tau_u \cdot l_{sa} \tag{5-90}$$

式中:p_1——锚筋与锚固体间的最大抗剪切力(kN);

d_s——锚筋的直径(m);

l_{sa}——锚固段长度(m);

τ_u——锚筋与锚固体间的平均抗剪切力(kN)。

此类情况下极限状态方程为:

$$Z_1 = \pi \cdot d_s \cdot \tau_u \cdot l_{sa} - P_t \tag{5-91}$$

式中:P_t——锚杆承担的轴向荷载。

2.锚固体与锚固地层间粘结强度不够

$$p_2 = \pi \cdot d_h \cdot \tau \cdot l_{sa} \tag{5-92}$$

式中:p_2——锚固体与锚固地层间的最大抗剪切力(kN);

τ——锚固体与锚固地层间的平均抗剪切力(kN);

d_h——锚固体的直径(m);

l_{sa}——锚固段长度(m)。

此类情况下极限状态方程为

$$Z_1 = \pi \cdot d_h \cdot \tau \cdot l_{sa} - P_t \tag{5-93}$$

锚固结构体系的两类失效模式任何一个失效,即可认为锚固结构体系失效,所以对锚固结构体系失效与否,锚筋与锚固体间粘结强度不够及锚固体与锚固地层间粘结强度不够是串联式的关系。因此,锚杆极限锚固力

$$p = \min(p_1, p_2) \tag{5-94}$$

对于锚固机理岩层锚杆和土锚的承载机理有所不同,现在分别确定两者的状态函数。

(1)岩层锚杆可靠度分析

根据彭文轩博士(2004)对岩层高锚杆的内锚固段的数值模拟,在锚固体与岩层间主要是接触面上发生剪切破坏,筋体与锚固体之间的主要破坏方式为锚固体在自由段附近部分进入拉裂破坏,控制岩层锚杆承载能力的主要因素为锚固体与岩层之间的接触面破坏,对于岩层锚杆平均抗剪力为:

$$\tau = \tau_{\max} \cdot \int_0^l e^{\frac{k\pi d}{EA}x}\,\mathrm{d}x \tag{5-95}$$

式中:E——锚筋与锚固体的等效模量($\mathrm{N/m^2}$);

k——切向刚度(N/m);

$\tau_{\max}$——锚杆的极限抗剪力(kN);

A——锚固体的面积($\mathrm{m^2}$)。

在实际中等效模量和切向刚度的变异性很小,在此仅分析 $\tau_{\max}$ 和 P_t 两个随机变量对岩层锚杆的可靠度分析,在此情况下的状态函数为:

$$Z_1 = g_1(\tau_{\max}, P_t) = \frac{Ed_h l_{sa}\tau_{\max}(1 - e^{\frac{k\pi d}{EA}l})}{k} - P_t \tag{5-96}$$

状态函数对于各随机变量的偏导数为:

$$\frac{\partial g_1}{\partial \tau_{\max}} = \frac{Ed_h l_{sa}(1 - e^{\frac{k\pi d}{EA}l})}{k} - P_t \tag{5-97}$$

$$\frac{\partial g_1}{\partial P_t} = \frac{Ed_h l_{sa}\tau_{\max}(1 - e^{\frac{k\pi d}{EA}l})}{k} \tag{5-98}$$

在式中各偏导数均值处取值,取级数的线性项,得 Z_1 的一次近似均值和方差

$$\mu_Z = g_1(\tau_{\max}, P_t) = \frac{Ed_h l_{sa}(1 - e^{\frac{k\pi d}{EA}l})}{k} \cdot E(\tau_{\max}) - E(P_t) \tag{5-99}$$

$$\begin{aligned}\sigma_z^2 &= \sum_{i=1}^{n}\left(\frac{\partial g}{\partial x_i}\right)^2\sigma_{x_i}^2 + \sum_{i=1}^{n}\sum_{j=1}^{n}\mathrm{cov}(x_i, x_j)\times\left(\frac{\partial g}{\partial x_i}\right)\left(\frac{\partial g}{\partial x_j}\right) \quad (i \neq j)\\ &= \frac{E^2 d_h^2 l_{sa}^2(1 - e^{\frac{k\pi d}{EA}l})^2}{k^2}\mathrm{var}(\tau_{\max}) - \mathrm{var}(P_t)\end{aligned} \tag{5-100}$$

由此可得出岩层锚杆的可靠指标公式为:

$$\beta_1 = \frac{u_z}{\sigma_z} \tag{5-101}$$

(2)土层锚杆可靠度分析

对于土层锚杆内锚固段承载能力由土体及土体与砂浆体接触界面抗剪能力决定,且主要取决于地层抗剪力。内锚固段主要的破坏方式为锚固体周围土体的大面积屈服,大大超过接触界面出现的剪破区,而筋体周围的锚固体拉裂区很小,且锚固体与筋体间接触界面没有出现明显的剪破区。

对于土层锚杆平均抗剪力为:

$$\tau_u = c + k_0\gamma h\tan\varphi \tag{5-102}$$

式中:c——土的内聚力(kPa);

φ——土的内摩擦角(°);

γ——土的容重($\mathrm{kN/m^3}$);

h——锚固段土层以上的厚度(m);

k_0——锚固段孔壁土压力系数,一般情况下,$k_0 \leqslant 1$;高压灌浆工艺下,$k_0 > 1$。

选取 c、γ、φ、P_t 为随机变量,则在此情况下的土层锚杆的状态函数为:

$$Z_2 = g_2(\gamma, c, \varphi, P_t) = \pi d_h (c + k_0 \gamma h \tan\varphi) l_{sa} - P_t \tag{5-103}$$

据第四章第二节可靠度分析方法,分别对各个状态函数中的随机变量求偏导数,在均值处取值,取级数的线性项,得 Z 的一次近似均值和方差

$$\mu_Z \approx g_1(\gamma, c, \varphi, c_w, \delta, q, \mu)$$

$$\sigma_z^2 \approx \sum_{i=1}^{n} \left(\frac{\partial g}{\partial x_i}\right)^2 \sigma_{x_i}^2 + \sum_{i=1}^{n} \sum_{j=1}^{n} \mathrm{cov}(x_i, x_j) \times \left(\frac{\partial g}{\partial x_i}\right)\left(\frac{\partial g}{\partial x_j}\right) \quad (i \neq j) \tag{5-104}$$

由此可得出土层锚杆的可靠指标公式为:

$$\beta_2 = \frac{u_z}{\sigma_z}$$

(三)工程实例

以某边坡支护中所采用的锚杆为例,锚杆锚固区岩层为砂质页岩,锚固体与岩层间接触面切向刚度 K=220MPa,岩层最大抗剪能力 $\tau_{\max}$ 的均值为 2.0 MPa,变异系数为 0.1。作用在锚杆轴向的外部荷载 P_t 均值为 μ_{P_t}=1 400kN,变异系数为 0.2。采用 7Φ15.2 作为筋体,锚筋弹性模量为 200 000MPa,注浆体为 C20 砂浆体,砂浆体直径为 100mm,弹性模量为 27 000MPa。

假定各随机变量相互独立且都服从正态分布,各随机变量统计参数如表 5-6 所示。

表 5-6 随机变量的统计参数

变量	p_t(kN)	$\tau_{\max}$(MPa)
μ	1 400	2
σ	24	0.2

应用公式可得出

$$\mu_Z = g_1(\tau_{\max}, P_t) = \frac{Ed_h l_{sa}(1 - e^{\frac{k\pi d}{EA} l})}{k} \cdot E(\tau_{\max}) - E(P_t) = 888.343(\mathrm{kN})$$

$$\frac{\partial g_1}{\partial \tau_{\max}} = \frac{Ed_h l_{sa}(1 - e^{\frac{k\pi d}{EA} l})}{k} - P_t = -2\ 544.171$$

$$\frac{\partial g_1}{\partial P_t} = \frac{Ed_h l_{sa} \tau_{\max}(1 - e^{\frac{k\pi d}{EA} l})}{k} = 2\ 288.343$$

$$\sigma_{g_1} = \sqrt{\left(\frac{\partial_{g_1}}{\partial_{\tau_{\max}}}\right)^2 \cdot \sigma_{\tau_{\max}}^2 + \left(\frac{\partial_{g_1}}{\partial_{P_t}}\right)^2 \cdot \sigma_{P_t}^2} = 763.265$$

则可靠度指标和失效概率分别为:

$$\beta_1 = \frac{\mu_{g_1}}{\sigma_{g_1}} = 1.16 \qquad P_{f_1} = 1 - \Phi(\beta_1) = 12.3(\%)$$

第六章　三峡水库岸坡防治工程设计标准

第一节　三峡水库库水位变化情况

(一)围堰挡水发电期

2003年6月蓄水至135m水位,运行期为3年。

(二)初期蓄水运行期

2006年蓄水至156m初期水位运行,运行期为5年左右。此阶段水库运行情况为:在汛后(10月初～下一年的6月上旬)坝前水位保持在135m—156m—135m间波动,其中:5月初至5月底,坝前水位从初期蓄水位156m降至消落低水位140m,6月1日从140m降至135m;在汛期(6月中旬～9月底)坝前水位降至防洪限制水位135m。坝前水位变幅为21m。

(三)正常蓄水运行期

初期蓄水运行期结束后,水库蓄水至175m正常蓄水位运行。此阶段水库运行情况为:在汛后(10月初～下一年的6月上旬)坝前水位保持在145m—175m—145m间波动,其中:5月初至5月底,坝前水位从正常蓄水位175m降至消落低水位155m,6月1日从155m降至145m;在汛期(6月中旬～9月底)坝前水位降至防洪限制水位145m。坝前水位变幅为30m。

第二节　三峡水库淹没处理设计洪水标准

三峡水库根据淹没对象的重要性和原有防洪标准、水库调节性能及运行方式,确定的淹没处理标准如下:

(1)人口、房屋:城乡居民均为20年一遇;

(2)土地(耕地、河滩地、园地):为5年一遇;

(3)林地:正常蓄水位;

(4)工矿企业:按国家计委、建委、财政部颁发的划分企业大、中、小型的标准,中、小企业(含乡镇企业)和大型企业的附属设施为20年一遇,大型企业的主要车间为百年一遇;

(5)专业项目:包括公路、电力、电讯、广播、文物古迹、码头等,为20年一遇。

城乡居民和工矿企业等,其回水影响在正常蓄水位175m以上不足2m者,按正常蓄水位加2m风浪浸没影响;回水影响大于2m者,按回水高程计算淹没。土地调查线按坝前蓄水位接5年一遇回水线。林地调查按175m水位线。

在汛期回水末端即尖灭点以上,对于长江干流及主要支流,考虑坝前175m汛后11月份的来水影响。

第三节　三峡水库岸坡防治工程设计标准

水库岸坡防治工程目前尚无可供统一遵循的规程规范。工程实践中，水库岸坡防治工程的设计标准可参考《防洪标准》(GB20201－94)、《水利水电工程建设征地移民设计规范》(SL290－2003)、《城市防洪工程设计规范》(CJJ50－92)、《堤防工程设计规范》(GB50286－98)、《碾压式土石坝设计规范》(SL274－2001)的有关规定，根据水库岸坡地区的城市等别、防治工程保护对象的重要性，以及防治工程本身的规模、失事后的危害程度(危及人群生命安全、造成经济损失、社会影响以及修复的可能性等)和修复的难易程度等因素综合确定。

根据三峡水库淹没与城集镇迁建实际情况，以及三峡库区二期地质灾害防治工程实践经验，三峡库区岸坡防治工程设计标准可作如下规定。

(一)设计等级

三峡库区岸坡防治工程设计等级如表 6－1 所示。

表 6－1　三峡库区岸坡防治工程设计等级

工程等级	一	二	三
危害人数(人)	＞1 000	1 000～500	＜500
危害对象	城市、县城市政基础设施与工业与民用建筑等	县城及建制镇市政基础设施与工业与民用建筑等	一般集镇及农村居民点的基础设施与工业与民用建筑等
备　注	当对交通、电力、电信、水利设施、文物古迹等对象有危害时，防治工程等级应按照有关专业规范的规定确定		

(二)设计洪水标准

三峡水库岸坡防治工程设计洪水标准原则上应与水库淹没处理设计洪水标准相同，但当岸坡对新建或改建交通、电力、电信、水利等设施有危害时，应按照有关专业规范的规定确定。

(三)设计荷载

(1)自重；

(2)地下渗水压力；

(3)坡顶及坡体上各类建筑物荷载；

(4)其他荷载；

(5)三峡库区地震基本烈度为 6 度，岸坡防护工程设计可不考虑地震荷载。

(四)设计工况与安全系数

三峡库区岸坡防治工程设计工况与安全系数如表 6－2 所示。

(五)岸坡防治工程表面防护范围

为防止水流及波浪对岸坡防治工程表面的冲刷与淘蚀，需对岸坡防治工程表面采取护面措施。

表 6-2　三峡库区岸坡防治工程设计工况与安全系数

<table>
<tr><th rowspan="2">序号</th><th rowspan="2" colspan="2">工　况</th><th rowspan="2">荷载组合</th><th colspan="3">安全系数</th></tr>
<tr><th>一级</th><th>二级</th><th>三级</th></tr>
<tr><td>一</td><td rowspan="4">水库正常运行期工况</td><td>不同蓄水位工况(包括水库正常水位175m、消落低水位155m、汛限水位145m等特征水位及其间的其他水位)</td><td>自重＋相应水位库水荷载＋相应地下水荷载＋建筑物附加荷载</td><td>1.20</td><td>1.15</td><td>1.10</td></tr>
<tr><td>二</td><td>库水位正常消落工况(汛后高水位175m正常降落至消落低水位155m或汛限水位145m)</td><td>自重＋消落低水位或汛限水位库水荷载＋相应地下水荷载＋建筑物附加荷载</td><td></td><td></td><td></td></tr>
<tr><td>三</td><td>汛后高水位175m运行期遇11月份相应设计洪水</td><td>自重＋相应回水位库水荷载＋相应地下水荷载＋建筑物附加荷载</td><td></td><td></td><td></td></tr>
<tr><td>四</td><td>汛期低水位145m运行期遇相应设计洪水</td><td>自重＋相应回水位库水荷载＋相应地下水荷载＋建筑物附加荷载</td><td></td><td></td><td></td></tr>
<tr><td>一</td><td rowspan="4">水库初期蓄水运行期工况</td><td>不同蓄水位工况(包括水库初期水位156m、消落低水位140m、汛限水位135m等特征水位及其间的其他水位)</td><td>自重＋相应水位库水荷载＋相应地下水荷载＋建筑物附加荷载</td><td>1.15</td><td>1.10</td><td>1.05</td></tr>
<tr><td>二</td><td>库水位正常消落工况(汛后高水位156m正常降落至消落低水位140m或汛限水位135m)</td><td>自重＋消落低水位或汛限水位库水荷载＋相应地下水荷载＋建筑物附加荷载</td><td></td><td></td><td></td></tr>
<tr><td>三</td><td>汛后高水位156m运行期遇11月份相应设计洪水</td><td>自重＋相应回水位库水荷载＋相应地下水荷载＋建筑物附加荷载</td><td></td><td></td><td></td></tr>
<tr><td>四</td><td>汛期低水位135m运行期遇相应设计洪水</td><td>自重＋相应回水位库水荷载＋相应地下水荷载＋建筑物附加荷载</td><td></td><td></td><td></td></tr>
</table>

1. 岸坡防治工程表面防护高程上限

岸坡的防护上限高程：坝前175m接设计洪水回水位＋壅水高度＋波浪爬高＋安全超高；同时不低于177m。其中：壅水高度、波浪爬高按不同岸坡段分别计算。由于船形波的影响比较复杂，壅水高度、波浪爬高的计算仅考虑风浪影响。安全超高取0.5m。

2. 岸坡防治工程表面防护高程下限

根据三峡水库蓄水及调度运行方式，三峡水库正常运行后，坝前防洪限制水位为145m，三期围堰挡水发电期间(2003年—2006年)和完建初期(2007年～约2012年)，坝前水位及初期防洪限制水位均为135m，故塌岸防护工程的坡面防护范围应包括高程135～145m高程范围，但标准可适当降低。

第七章　岸坡防护思维及配套性工程措施

第一节　治理思路及策略

一、岸坡塌岸形成机理

水库库区地形、地质条件复杂，水库蓄水运行及移民搬迁过程中的建设活动将对岸坡产生多方面的影响和作用，岸坡地下水分布及作用效应十分复杂，设计中除进行必要的计算分析外，参照类似水库工程实测资料及设计经验是必要的。

(一)水库蓄水运行对岸坡产生的影响和作用

1.水流冲蚀

在水流及波浪(风波、船行波等)的作用下，以含碎石质粘土、岩屑碎石土夹碎块石(残坡积土)以及粉质粘土、粉细砂、细砂(冲积层)等组成的岸坡，由于其表层松散物质抗冲淘能力较差，将被逐渐搬运带走，产生岸坡再造。其再造形式与地形坡度有关，对于坡度较缓(略大于水下休止角)的岸坡，将产生缓慢后退；对于第四系松散堆积层较厚且坡度较陡的岸坡，因坡脚的冲蚀掏空，则易产生新的崩滑变形。

2.坡体软化

由于库水位的抬升，原来常年位于地下水位以上的岸坡土层及泥岩而处于饱水状态，相应地，其物理力学性质将大大降低，坡体的承载能力甚至整体稳定性也因此而降低。

3.坡体潜蚀

在水库运行期间，库水位将在一定的高程范围内变动。处在水位变动带范围的岸坡土体，如含碎石质粘土、岩屑碎石土夹碎块石等，因其颗粒组成较差，密实程度较低，在长期反复变动的库水位作用下，其中的细颗粒物质(粘粒、粉粒，甚至砂粒)被坡体内的地下水析离带出，逐渐将该部位坡体淘空，并最终导致岸坡的塌陷。坡体潜蚀将是一个长期缓慢的过程，在水库蓄水的早期不会有很明显的迹象。

4.岸坡浸没

水库蓄水后，沿岸地下水位也将相应壅高，加上水的毛细作用，局部岸坡将存在浸没的可能性，进而降低岸坡的稳定性。

5.坡体整体稳定性降低

波动的库水位除了改变坡体土质结构以及力学性质外，同时也在不断改变着岸坡坡体的整体稳定力学条件：如增大上部土体容重、对下部坡体产生浮托力、形成动水压力和孔隙水压力等，致使岸坡的稳定性降低。不同的库水位及其不同的变动过程，都能构成不同的坡体稳定条件。

(二)人类工程活动对岸坡产生的影响和作用

由第四系堆积物构成的岸坡正是人类活动集中之处,人类的工程活动对岸坡则有着较显著影响,主要表现为:

(1)改变自然稳态好的坡形,形成稳定状况较差的人工高陡边坡。由于城市建设的需要,在岸坡形成人工陡边坡,对于由基岩全强风化带、残坡积层、坠覆体组成的岸坡,结构多松散破碎,边坡稳定性低,在暴雨诱发或其他外力作用下,边坡将发生不同程度的垮塌。

(2)大量人工弃渣的无序堆放,不利于岸坡的稳定。在新城建设活动中开挖产生的大量人工弃渣主要堆积在岸坡上或冲沟内,一方面,松散堆积体对有些岸坡产生加载,降低坡体稳定性;另一方面,松散堆积体自身稳定性差,在暴雨等其他外力诱发下,会跨塌下滑,有可能带动邻近岸坡的失稳。人工松散堆积体岸坡的防治难度较大。此外,大型冲沟内规模较大的人工弃渣还可能形成灾害性泥石流。

(3)天然地表、地下水排泄系统的改变恶化了岸坡的稳定条件。地下水是岸坡失稳最重要的诱发因素之一,平整场地和修建公路使岸坡表面直接裸露易于接受大气降水入渗,从而使岩土体饱和,降低岩土体的力学强度;区内冲沟是地表水排泄的主要通道,冲沟内的人工弃渣使地表水排泄受阻,地表水为寻找出路向坡体渗流,从而增大坡体内的动水压力,恶化岸坡的稳定条件,二者的联合作用和效应可能诱发岸坡的失稳。

坍岸影响因素与作用条件如表 7-1 所示。

表 7-1　坍岸影响因素与作用条件分析

影响因素	条件分析
岸坡形态	1.岸坡坡度:高而陡的岸坡,坍岸量大;低而陡的岸坡坍岸速度快,坍岸量小。岸坡平缓,与天然冲刷稳定坡坡度相近,一般不易坍岸,只受到不大的冲蚀和局部性的坍毁 2.岸线形状:突咀、凸岸三面临水,坍岸严重;凹岸坍岸量小;平直库岸,坍岸强度不很大 3.水下岸形:水下岸形陡直,岸前水深的库岸,加速坍岸的过程。水下岸前有阶地和漫滩,可减弱坍岸速度,形成宽而缓的浅滩 4.地形完整情况:地形不完整、支沟发育、切割严重的岸坡,坍岸显著。地形平整、阶面较宽、冲沟不发育的岸坡,坍岸不显著
地层岩性	1.坚硬及半坚硬岩石,可维持较大的稳定边坡。不抗水的半坚硬岩石,有可能形成较严重的坍岸 2.密实的粘土,坍岸宽度不大或仅表现为岸坡表面风化土体的剥落。软粘土、膨胀土、裂缝土、含盐土易产生严重坍岸 3.胶结好的砂砾石层,常成为岸坡的天然保护层,形成窄而陡的浅滩。粉细砂可造成大量坍塌,形成宽而缓的浅滩 4.黄土浸水后常形成快速、强烈的坍塌
地质构造	软弱结构面的切割,加速和增强坍岸的发生和发展,并对岸坡岩(土)体的稳定不利
物理地质作用	1.沿岸水流,冲刷凸岸的岸咀,加速坍岸过程;但可使岸坡顺直化,有利于浅滩的稳定,从而又减缓坍岸的进程 2.寒冷地区的冻融作用,使土体发生裂缝或坍塌。结冻或融冻时的浮冰,对岸坡起着破坏作用 3.风化作用对土(岩)的表层稳定不利
水的作用	1.水库蓄水促使地下水壅高,引起岸坡岩(土)体湿化,降低抗剪强度和承载能力 2.水库水位变幅大时,加快坍岸速度,扩大最终坍岸宽度 3.水位消落区斜坡岩(土)体由于周期性湿干变化,引起岩(土)体的破坏
波浪作用	波浪是水库坍岸作用的主要外力。在岸坡坡度相同、水位变幅相同时,波越高、击岸浪越大,越能加速坍岸的进程和加大坍岸宽度

二、岸坡塌岸形式

水库蓄水运行及移民搬迁工程的建设将使库区岸坡所处的地质环境发生显著的改变，自然平衡条件将遭受破坏，从而引起岸坡稳定性的变化产生岸坡再造。不同的土质、土体结构和空间分布形态，将产生不同形式的岸坡再造，其主要形式有以下几种。

(一)侵蚀-剥蚀型

当岸坡坡度略大于水下休止角时，水库蓄水后不会产生崩塌或整体滑移，但表面抗冲淘能力差，在水库运行过程中，表层物质逐渐被搬运带走，导致岸坡产生缓慢后退。此种类型的破坏一般发生在地形较缓的土质岸坡及基岩岸坡的全强风化带中，再造具有缓慢性及持久性，规模较小。

(二)坍塌型

多发生在岸坡较陡、覆盖层较厚的岸坡。库水长期浸泡软化后土体物理力学参数降低，在水位往复变化和波浪作用下，将会沿着土体内部某一最不利面产生一定规模的崩塌、滑移等失稳破坏。此种类型的破坏一般发生在地形较陡的土质边坡及基岩严重卸荷的裂隙发育带内。此种岸坡再造具有突发性，特别是在暴雨期间，库水位急剧变化时最易发生。

(三)整体滑移型

岸坡稳定受某一软弱滑面控制，在库水作用及其他因素影响下，产生大规模的整体性滑移失稳。这种再造型式主要发生在滑坡地带和深厚覆盖层岸坡段，发生此种类型再造的岩土体的水平位移一般较大，岸坡再造具有规模大、危害性强等特点。

三、治理思路及策略

岸坡塌岸治理的措施有很多，大体上可归纳为以下 3 种基本类型。

(1)改变岸坡的几何要素，以降低下滑力，增大阻滑力，达到稳定要求，如削坡减载、改变坡形、回填抛石压脚等。

(2)改善岸坡外部或内部排水条件，达到控制地下渗流，防止水流及波浪对岸坡的冲刷与淘蚀，如植被、护面、设置地表与地下排水系统等。

(3)进行抗滑与支挡，以提高岸坡岩土的抗滑稳定性，如锚固(索)、重力式挡土墙、锚定混凝土板墙、抗滑桩、阻滑键等。

岸坡防护工程措施方案的选择应根据岸坡的地形、地质条件、稳定现状、水库蓄水后的运行工况、再造趋势、建筑材料及施工条件等因素，经技术经济比较，综合分析确定，常常是多种措施联合使用。

1. 岩质岸坡

(1)对于硬岩为主的岸坡，其岩体强度高，抗风化能力较强，一般不会产生严重的岸坡再造。对于地质资料揭示有倒悬或不稳定块体的陡坡岸坡段，可根据防护对象视需要进行锚固或支护。

(2)对于软岩为主的岸坡，抗风化能力差，遇水易软化、风化。表层岩体风化后强度显著降低，极易被侵蚀、剥离，继而风化、剥蚀向深部发展，最终影响防护对象。对于这类岸坡，主要分两类情况进行处理：①坡度较缓的软岩岸坡，主要清除表面强风化层后采取挂网喷混凝土对其岩面进行保护，阻止岩体表面进一步风化；②坡度较陡的软岩岸坡，考虑长期浸水后强度降低，可能发生局部失稳破坏，因此除采用喷混凝土对其表面进行防护外，还要考虑一定深度的锚杆加固，以提高整体稳定性。锚杆长度一般需穿过可能破裂面。

2. 土质岸坡

由第四系松散土石构成，主要由块石、碎石、碎块石夹土、砾质砂、粗～细砂、粘土夹碎块石和粘土等物质组成，厚度不等。针对各类再造型式须采取相应的防护措施。

(1)不会产生岸坡再造的土质岸坡。该类岸坡很缓，不管岸坡由何种物质组成，岸坡坡度均小于组成物质相应的稳定休止角，天然情况下受水流冲刷能够保持稳定，水库蓄水后水流流速减缓，冲刷影响减弱。对这类土质岸坡，不采取工程防护措施。

(2)产生侵蚀～剥蚀型岸坡再造的土质岸坡。岸坡坡度略大于水下休止角，水库蓄水后不会产生崩塌或整体滑移，但表面抗冲淘能力差，在水库运用过程中，表层物质逐渐被搬运带走，导致岸坡产生缓慢后退，针对这种再造型式的土质岸坡，主要对其坡面稍作修整后进行坡面防护。

(3)产生坍塌型岸坡再造的土质岸坡。该类岸坡较陡，覆盖层较厚。库水长期浸泡软化后土体物理力学参数降低，在水位往复变化和波浪作用下，将会沿着土体内部某一最不利面产生一定规模的崩塌、滑移等失稳破坏。对这种再造型式的土质岸坡，根据地形地质条件和建设情况经稳定计算采取不同的措施：①削坡减载；②采取挡土墙型式进行支挡；③人工回填，放缓岸坡；④抗滑桩(键)工程；⑤锚拉体系工程。

(4)产生整体滑移型岸坡再造的土质岸坡。岸坡稳定受某一软弱滑面控制，在库水作用及其他因素影响下，产生大规模的整体性滑移失稳。这种再造型式主要发生在滑坡地带，根据稳定分析的具体情况确定相应的治理防护措施，一般应做滑坡防治专题报告。

第二节　常用治理措施设计

一、非结构性措施

(一)排水工程

在岸坡塌岸治理总体方案基础上，结合工程地质、水文地质以及场区降雨条件，确定地表排水、地下排水或地表排水与地下排水相结合的治理方案。岸坡塌岸排水系统宜与城市排水系统或公路排水系统相衔接。

1. 地表排水

根据岸坡地形、地质条件，地表排水工程主要采取截、防、排等综合措施(图 7 - 1)。处于城镇区内时，应结合城镇规划，做好岸坡防护工程的疏、排水设计，避免大量地表水渗入地下。

地表排水工程的设计标准应根据防护对象等级合理确定，采用相应的降雨频率，按小面积产汇流公式或城市室外排水经验公式推算设计流量，确定排水沟断面。

排水沟可采用浆砌石或混凝土结构，水泥砂浆勾缝防渗堵漏，并设置伸缩缝，缝间距 10～15m，缝内设置止水。纵坡或局部高差较大时，可设置陡坡或跌水消能。

2. 地下排水

当水库蓄水后，地下水位将随之抬高，土体物理力学参数降低，岸坡或滑坡体的稳定性下降；当库水位骤降时，岸坡内的地下水降落滞后于坡外水位的降落形成内外水头差，其稳定性

图 7-1 某塌岸治理中采用的地表排水

下降更为显著。因此，降低岸坡或滑坡体内的地下水位，减小地下水的动水压力是增大岸坡及滑坡体稳定性的有效措施。

地下排水工程应根据岸坡岩土体含水层与隔水层的水文地质结构及地下水动态特征，选用隧洞排水、钻孔排水、渗沟排水、盲沟排水、排水层排水等排水措施。当采用自排时，其排水出口应高出水库水位，防止库水倒灌。

(二)削方减载

对岸坡变形体进行削坡或清除，以减少下滑力，提高岸坡的稳定性；对陡坡凸坎进行削坡以减缓边坡，提高岸坡的稳定性。

土质边坡高度超过 10m 或岩质边坡高度超过 20m 放坡时，须设置马道，马道宽一般 2.0～5.0m，沿马道设置横向排水沟，通过纵向排水沟与城市排水系统或公路排水系统衔接(图 7-2)。

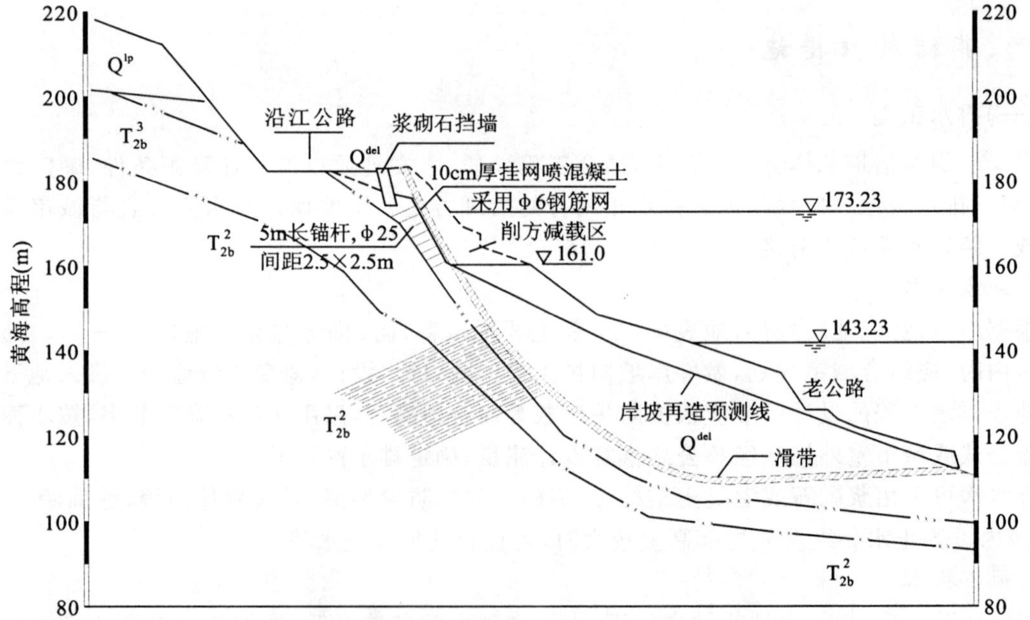

图 7-2 某工程土质岸坡削方减载方案剖面图

削方减载应尽可能减少对周围环境的影响，并应避免出现新的地质灾害。

(三)回填压脚

根据地形条件，对有条件的区段通过在岸坡的阻滑段进行回填压脚增加竖向荷载，以提高岸坡的稳定性，是一种较为经济的治理措施(图 7-3)。

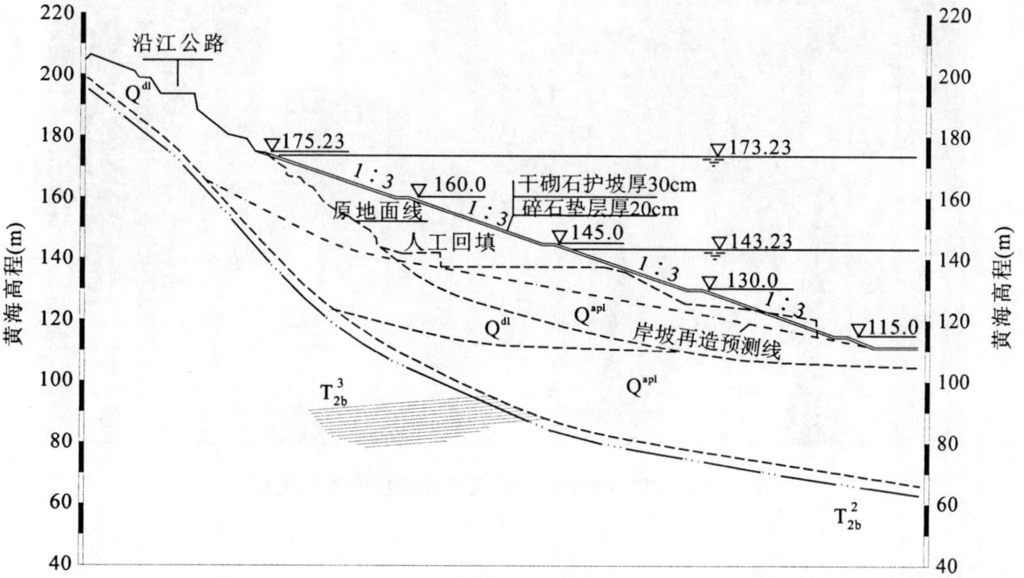

图 7-3 某工程土质岸坡回填压脚方案剖面图

岸坡回填压脚须对回填体进行地下水渗流和岸坡冲刷处理，设置反滤层并采取防冲措施。

回填压脚采用的填料宜就地取材，回填时应分层碾压。根据三峡库区实际情况，一般采用碎块石或碎石土填筑，控制压实度不小于 95%。

二、结构性措施

(一)抗滑桩工程

岸坡塌岸治理中采用的抗滑桩主要指钢筋混凝土悬臂式抗滑桩，具有施工简便、设桩灵活、受力明确、传力可靠等优点。

1. 抗滑桩设计必须满足的条件

(1)桩前土体必须是稳定的；

(2)桩前土体具有提供较大被动土压力的条件；

(3)避免土体从桩顶和桩间滑出。

2. 抗滑桩设置原则

(1)根据区域地质、地形条件，设置在土体较薄、锚固段地基强度较高的地段。

(2)抗滑桩排列方向，宜与土体的滑动方向垂直，其间距一般取桩宽(或桩径)的 3～5 倍。

(3)当抗滑桩悬臂较长时，宜采用埋入式抗滑桩，或采用其他能减少桩内力值的措施。

抗滑桩的长度不宜大于 30m，高宽比不宜大于 2.0，在岩质地层的嵌固深度不宜小于桩总长的 1/4，土质地层不宜小于 1/3。

当岸坡土体为粘性土且较潮湿或位于水库正常蓄水位以下，桩间土体易于坍塌时，宜在桩间增设防止坍塌的支挡工程，如钢筋混凝土或砌石拱形挡板（图 7－4）。

图 7－4　某塌岸治理工程采用的锚拉桩与挡土板

（二）抗滑挡墙工程

在下滑力较小的缓坡或反翘前缘设置抗滑挡墙提供抗滑力阻止塌岸土体滑移。塌岸治理采用的抗滑挡墙主要指重力式抗滑挡墙，主要依靠挡墙及墙后土体自重增加抗滑力，适用于阻滑段土体不超过 6m 的塌岸治理。采用重力式抗滑挡墙时应与排水、减载、护坡等其他工程措施相结合。

重力式抗滑挡墙宜采用矮胖、外坡较平缓的形式。

重力式抗滑挡墙常用断面型式如图 7－5 所示。

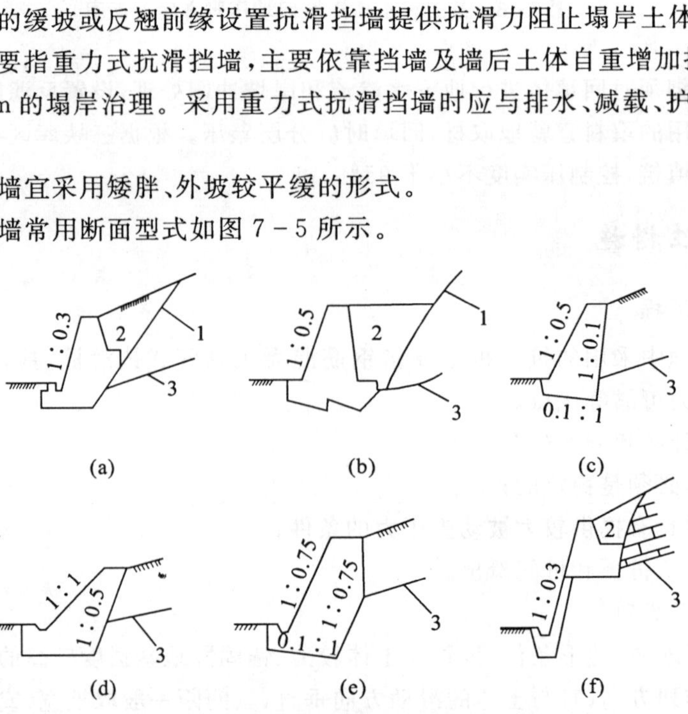

图 7－5　重力式抗滑挡墙常用断面型式

1—原地面；2—回填土；3—滑面

(三)锚固系统

塌岸治理工程中采用的锚固系统主要指预应力锚索、预应力锚杆。通过穿过岸坡土体锚固在稳定地层内的锚索或锚杆施加预应力，提高岸坡土体的稳定性。预应力锚固系统可直接用于岩质岸坡的加固，特别是倾角大于30°的陡滑面；预应力锚束或预应力锚杆与喷锚网结合可用于破碎岩质岸坡加固(图7-6)；预应力锚索与在岸坡坡面上设置的钢筋混凝土梁、格构组合可用于土质岸坡加固。

预应力锚固系统不宜布置在水库水位以及地下水面线变动区及其以下范围，不宜用于松散土层。

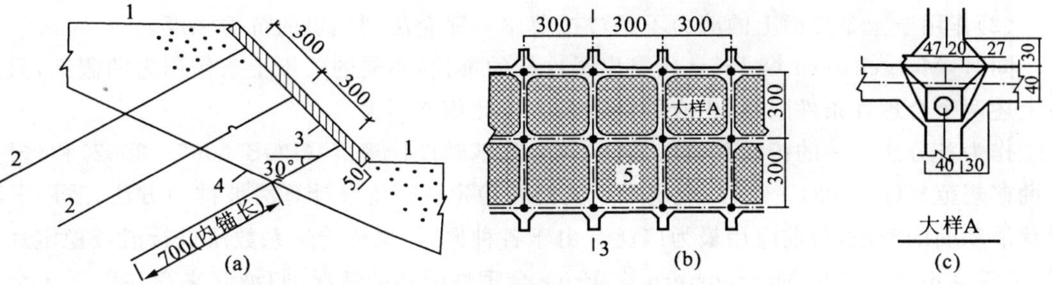

图7-6　格构锚固示意图(单位:cm)

1—平台;2—预应力锚杆;3—格构;4—滑面;5—喷锚网

三、表面防护措施

表面防护措施主要指干砌石、浆砌石、预制混凝土块等各种类型的护坡(图7-7)。对需要防护的岸坡段进行护坡，防止坡面水流及波浪的冲刷和淘蚀。护坡范围一般为库水位变化区间及波浪影响范围。水上重要的边坡也需进行护坡。

对软岩质岸坡，由于岩体强度低，抗风化能力差，遇水易软化、风化，需清除表层强风化层后采取挂网喷混凝土的方式，防止表面进一步风化，锚杆主要起固定作用。

对土质边坡，对其坡面适当修整后，采用干砌块石或浆砌块石、预制混凝土块、现浇混凝土等不同型式的护面，其下需设置反滤垫层。

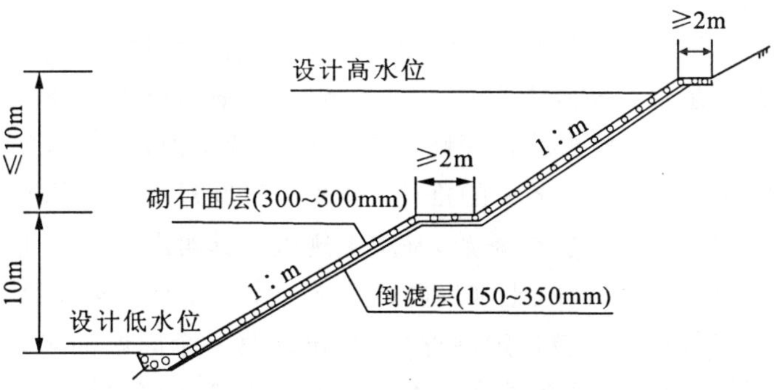

图7-7　砌石护坡一般断面型式

第三节　若干问题的讨论

一、改进传递系数法

(一)传递系数法

采用条分法进行滑坡稳定性评价时,引入假定条件的合理性一直受到人们的普遍关注。Morgenstern & Price 最早提出了解的合理性限制,认为所获得的解必须满足以下条件:

(1)条块间不产生拉力;

(2)作用于土条界面上的剪力不超过按莫尔—库仑法则提供的抗剪强度。

同时,Morgenstern & Price 还提出了这样的推论:不同的关于土条作用力的假定,只要满足上述两个合理性条件限制,相应的稳定系数彼此相差不大。

作为条分法之一的传递系数法是《建筑地基基础设计规范》(PGB50007 - 2002)和《岩土工程勘察规范》(GB50021 - 2001)规定采用的滑坡稳定性评价及计算滑坡推力方法,适用于不同形状滑动面的滑坡,目前应用最为广泛。由于各种原因,采用传递系数法进行滑坡稳定性评价时,常常会出现不满足 Morgenstern & Price 合理性限制的情况,归纳起来存在以下 3 个方面的问题:

(1)滑体条块间出现拉应力(Morgenstern & Price 提出的合理性限制条件 1 得不到满足),计算所得到的滑体整体稳定系数偏大。原因主要有两个方面:其一,滑坡体实际上由两大部分或几大部分组成,勘察所认定的滑动面起伏较大,并不是统一的最危险滑动面;其二,由于外部荷载施加的部位和方式不一,本应为整体性的滑坡演变为前缘局部牵引式滑坡,滑坡在某种状态下达到分段平衡。其结果表现为靠近剪出口段稳定系数小,远离剪出口段稳定系数大,结合部位一些条块间必然出现拉应力。实际上,采用累计求和公式表达的现行条分法的各种具体方法基本上不能自动满足 Morgenstern & Price 提出的合理性限制条件 1,不适合进行牵引式滑坡的稳定性计算。

(2)由于传递系数法假定条块间作用力的合力(剩余下滑力)倾角与上一条块的滑动面倾角一致,上一条块的滑动面倾角较大时,不可避免会出现一些条块作用于其界面上的剪力超过按莫尔—库仑法则的现象,即 Morgenstern & Price 提出的合理性限制条件 2 得不到满足。其结果是计算所得到的滑体整体稳定系数偏大。

(3)当滑动面出现反倾时,可能出现后一滑块超覆于前一滑块滑动的不合理现象。

尽管传递系数法在理论和实践上存在上述不足,但一般情况下,仅滑坡后缘存在少数条块不满足 Morgenstern & Price 提出的合理性限制条件 2 的情况,对所计算滑体整体稳定系数影响不大。根据 Morgenstern & Price 的推论,第 3 个问题对所计算滑体整体稳定系数影响也不大。现行规范通过适当扩大安全系数,基本上规避了其对滑坡防治工程安全的影响。

应用传递系数法进行人工边坡、土坝堤防的稳定性评价,不会遇到第一个问题。但是,应用传递系数法进行自然斜坡或滑坡稳定性评价时,出现第一个问题的可能性较大。而该问题往往被人们所忽视,导致极大的潜在风险。本书主要从理论上探讨对传递系数法的改进和完善,在遵从现有规范的前提下,克服传递系数法存在的第一个方面的问题。

(二)改进传递系数法的基本公式

与传递系数法一样，假定条块间作用力的合力(剩余下滑力)倾角与上一条块的滑动面倾角一致(图 7-8)；设作用于条块的各种作用力以平行于该条块滑动面的剪应力 τ 和垂直于滑动面的正应力 δ 集中作用于滑动面上，滑动面强度受控于滑动面的内聚力和摩擦力。在滑动面破坏服从 Mohr-Coulomb 破坏准则的条件下，根据准超载法的基本静力极限平衡公式(7-1)，得到静力平衡方程式(7-2)：

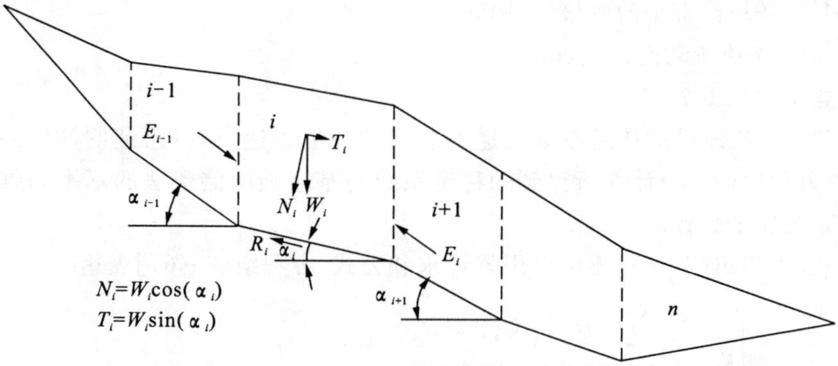

图 7-8 受力结构图

$$1=\frac{W\cos\alpha\tan\varphi+cL}{\mathrm{fos}W\sin\alpha} \tag{7-1}$$

$$E_i-E_{i-1}\cos(\alpha_{i-1}-\alpha_i)+\frac{E_{i-1}}{\mathrm{fos}}\sin(\alpha_{i-1}-\alpha_i)\tan\varphi_i-\mathrm{fos}W_i\sin\alpha_i$$
$$+W_i\cos\alpha_i\tan\varphi_i+c_iL_i=0 \tag{7-2}$$

即

$$E_i-E_{i-1}\Psi_{i-1}-\mathrm{fos}T_i+R_i=0 \tag{7-3}$$

当 $i=n$ 时，$E_n=0$

由式(7-2)得

$$\mathrm{fos}=\frac{E_{n-1}\sin(\alpha_{n-1}-\alpha_n)\tan\varphi_n/\mathrm{fos}+R_n}{E_{n-1}\cos(\alpha_{n-1}-\alpha_n)/\mathrm{fos}+T_n} \tag{7-4}$$

为保证 Morgenstern & Price 提出的合理性限制条件 1 得到满足，引入限制条件：当 $E_i<0$，令 $E_i=0$。联立式(7-3)、式(7-4)和 Morgenstern & Price 提出的合理性限制条件 1，得到由准超载法推导的改进的传递系数法递推公式一般表达式

$$\begin{cases}\mathrm{fos}=\dfrac{E_{n-1}\sin(\alpha_{n-1}-\alpha_n)\tan\varphi_n/\mathrm{fos}+R_n}{E_{n-1}\cos(\alpha_{n-1}-\alpha_n)/\mathrm{fos}+T_n}\\ E_i=\mathrm{fos}T_i+E_{i-1}\Psi_{i-1}-R_i\\ \text{当 } E_i<0 \text{ 时，令 } E_i=0\end{cases} \tag{7-5}$$

其中：

$$\Psi_i=\cos(\alpha_i-\alpha_{i+1})-\sin(\alpha_i-\alpha_{i+1})\frac{\tan\varphi_{i+1}}{\mathrm{fos}}$$

$$R_i=W_i\cos\alpha_i\tan\varphi_i+c_iL_i$$

$$T_i = W_i \sin\alpha_i$$

式中：fos——稳定系数；

Ψ_i——第 i 条块的剩余下滑力传递至第 $i+1$ 条块时的传递系数；

E_i——第 i 条块剩余下滑力的合力(kN)；

W_i——第 i 条块滑体重力(kN)；

α_i——第 i 条块滑动面倾角(°)；

φ_i——第 i 条块滑带土的内摩擦角(°)；

c_i——第 i 条块滑带土的内聚力(kPa)；

L_i——第 i 条块滑动面长度(m)。

各符号意义详见图 7-1。

方程组(7-5)为改进的传递系数法递推公式的一般表达，作者已证明，对同一滑坡、相同边界条件，由方程组(7-5)计算所得到的稳定系数与基于强度储备法的不平衡推力法计算所得到的稳定系数完全一致。

递推公式[方程组(7-5)]还可以用累计求和公式[方程组(7-6)]表达：

$$\begin{cases} \text{fos} = \dfrac{\sum\limits_{i=a+1}^{n-1}(R_i \prod\limits_{j=i}^{n-1}\Psi_i) + R_n}{\sum\limits_{i=a+1}^{n-1}(T_i \prod\limits_{j=i}^{n-1}\Psi_j) + T_n} \\ E_i = \text{fos}\sum\limits_{k=a+1}^{i-1}(T_i \prod\limits_{j=k}^{i-1}\Psi_j) - \sum\limits_{k=a+1}^{i-1}(R_i \prod\limits_{j=k}^{i-1}\Psi_j) + \text{fos}T_i - R_i \\ E_a \leqslant 0 \end{cases} \tag{7-6}$$

式中：$\prod\limits_{j=i}^{n-1}\Psi_j = \Psi_i \cdot \Psi_{i+1} \cdot \Psi_{i+2}, \cdots, \Psi_{n-1}$，其余符号意义同前。

数学证明如下：

根据静力平衡方程式(7-3)及引入限制条件：当 $E_i < 0$ 时，令 $E_i = 0$，由 $E_a = 0$ 得

当 $n=a+1$ 时

$$E_{a+1} = \text{fos}T_{a+1} - R_{a+1}$$

$$\because E_{a+1} = 0,$$

$$\therefore \text{fos} = R_{a+1}/T_{a+1} \tag{7-7}$$

方程组(7-6)成立。

当 $n=a+2$ 时

$$\begin{aligned} E_{a+2} &= E_{a+1}\cos(\alpha_{a+1} - \alpha_{a+2}) + \text{fos}T_{a+2} \\ &\quad - E_i\sin(\alpha_{a+1} - \alpha_{a+2})\tan\varphi_{a+2}/\text{fos} - R_{a+2} \\ &= (\text{fos}T_{a+1} - R_{a+1})\cos(\alpha_{a+1} - \alpha_{a+2}) + \text{fos}T_{a+2} \\ &\quad - (\text{fos}T_{a+1} - R_{a+1})\sin(\alpha_{a+1} - \alpha_{a+2})\tan\varphi_{a+2}/\text{fos} - R_{a+2} \\ &= \text{fos}T_{a+1}\Psi_{a+1} + \text{fos}T_{a+2} - R_{a+1}\Psi_{a+1} - R_{a+2} \\ &= \text{fos}\Big[\sum_{i=a+1}^{a+1}(T_i \prod_{j=i}^{a+1}\Psi_j) + T_{a+2}\Big] - \Big[\sum_{i=a+1}^{a+1}(R_i \prod_{j=i}^{a+1}\Psi_j) + R_{a+2}\Big] \end{aligned} \tag{7-8}$$

$$\because \quad E_{a+2} = 0$$

$$\therefore \quad \text{fos} = \frac{\sum_{i=a+1}^{a+1}(R_i \prod_{j=i}^{a+1} \Psi_j) + R_{a+2}}{\sum_{i=a+1}^{a+1}(T_i \prod_{j=i}^{a+1} \Psi_j) + T_{a+2}} \tag{7-9}$$

方程组(7-6)成立。

当 $i=n-1$ 时,设

$$E_{n-1} = \text{fos}\sum_{i=a+1}^{n-2}(T_i \prod_{j=i}^{n-2} \Psi_j) + \text{fos}T_{n-1} - [\sum_{i=a+1}^{n-2}(R_i \prod_{j=i}^{n-2} \Psi_j) + R_{n-1}] \text{ 成立}$$

则 $i=n$ 时

$$\begin{aligned} E_n &= E_{n-1}\cos(\alpha_{n-1}-\alpha_n) + \text{fos}T_n - E_{n-i}\sin(\alpha_{n-1}-\alpha_n)\tan\varphi_n/\text{fos} - R_n \\ &= [\text{fos}\sum_{i=a+1}^{n-2}(T_i \prod_{j=i}^{n-2} \Psi_j) - \sum_{i=a+1}^{n-2}(R_i \prod_{j=i}^{n-2} \Psi_j) + \text{fos}T_{n-1} - R_{n-1}]\cos(\alpha_{n-1}-\alpha_n) \\ &\quad + \text{fos}T_n - [\text{fos}\sum_{i=a+1}^{n-2}(T_i \prod_{j=i}^{n-2} \Psi_j) - \sum_{i=a+1}^{n-2}(R_i \prod_{j=i}^{n-2} \Psi_j) + \text{fos}T_{n-1} \\ &\quad - R_{n-1}] \cdot \sin(\alpha_{n-1}-\alpha_n)\tan\varphi_n/\text{fos} - R_n \\ &= [\text{fos}\sum_{i=a+1}^{n-2}(T_i \prod_{j=i}^{n-2} \Psi_j) - \sum_{i=a+1}^{n-2}(R_i \prod_{j=i}^{n-2} \Psi_j) + \text{fos}T_{n-1} - R_{n-1}] \cdot [\cos(\alpha_{n-1} \\ &\quad - \alpha_n) - \sin(\alpha_{n-1}-\alpha_n)\tan\varphi_n/\text{fos}] + \text{fos}T_n - R_n \\ &= \text{fos}\sum_{i=a+1}^{n-1}(T_i \prod_{j=i}^{n-1} \Psi_j) - \sum_{i=a+1}^{n-1}(R_i \prod_{j=i}^{n-1} \Psi_j) + \text{fos}T_n - R_n \end{aligned} \tag{7-10}$$

$\because \quad E_n = 0$

$$\therefore \quad E_n = \text{fos}\sum_{i=a+1}^{n-1}(T_i \prod_{j=i}^{n-1} \Psi_j) - \sum_{i=a+1}^{n-1}(R_i \prod_{j=i}^{n-1} \Psi_j) + \text{fos}T_n - R_n = 0$$

$$[\sum_{i=a+1}^{n-1}(T_i \prod_{j=i}^{n-1} \Psi_j) + T_n] \cdot \text{fos} = \sum_{i=a+1}^{n-1}(R_i \prod_{j=i}^{n-1} \Psi_j) + R_n$$

$$\text{fos} = \frac{\sum_{i=a+1}^{n-1}(R_i \prod_{j=i}^{n-1} \Psi_j) + R_n}{\sum_{i=a+1}^{n-1}(T_i \prod_{j=i}^{n-1} \Psi_j) + T_n} \tag{7-11}$$

其中:

$$\Psi_i = \cos(\alpha_i - \alpha_{i+1}) - \sin(\alpha_i - \alpha_{i+1})\frac{\tan\varphi_{i+1}}{\text{fos}}$$

方程组(7-6)成立。

当进行滑坡治理时,设安全系数为 K,则各条块的滑坡推力计算表达式为

$$P_i = P_{i-1}\Psi'_{i-1} + KT_i - R_i \tag{7-12}$$

其中:$\Psi'_{i-1} = \cos(\alpha_{i-1} - \alpha_i) - \sin(\alpha_{i-1} - \alpha_i)\dfrac{\tan\varphi_i}{K}$

式中:P_i——滑坡推力(kPa),其倾角等于第 i 条块滑动面的倾角;

Ψ_{i-1}——第 $i-1$ 条块的滑坡推力传递至第 i 条块时的传递系数;

α_i——第 i 条块滑动面倾角(°)。

(三)改进的传递系数法与传递系数法的差异及主要特点

1. 传递系数法是改进的传递系数法特解的近似解

将 $a=0$ 代入改进的传递系数法的累计求和表达式,则方程组(7-6)变为:

$$\begin{cases} \text{fos} = \dfrac{\sum\limits_{i=1}^{n-1}(R_i \prod\limits_{j=i}^{n-1} \Psi_i) + R_n}{\sum\limits_{i=1}^{n-1}(T_i \prod\limits_{j=i}^{n-1} \Psi_j) + T_n} \\ E_i = \text{fos} \sum\limits_{k=1}^{i-1}(T_j \prod\limits_{j=k}^{i-1} \Psi_j) - \sum\limits_{k=a+1}^{i-1}(R_j \prod\limits_{j=k}^{i-1} \Psi_j) + \text{fos}T_i - R_i \end{cases} \tag{7-13}$$

方程组(7-13)是滑坡所有条块间作用力均大于或等于零时,改进的传递系数法累计求和表达式[方程组(7-6)]的特解,与传递系数法表达式形式完全一致。所不同的是方程组(7-13)为隐函数,其传递系数 $\Psi_{i-1} = \cos(\alpha_{i-1} - \alpha_i) - \sin(\alpha_{i-1} - \alpha_i)\dfrac{\tan\varphi_i}{\text{fos}}$,必须通过试算才能求得滑坡稳定系数;而传递系数法的表达式为显函数,其传递系数 $\Psi_{i-1} = \cos(\alpha_{i-1} - \alpha_i) - \sin(\alpha_{i-1} - \alpha_i)\tan\varphi_i$,可以较方便地求得滑坡的稳定系数。

很显然,传递系数法表达式仅仅是滑坡所有条块间作用力均大于或等于零时,改进的传递系数法特解[方程组(2-13)]的近似解。两者主要有如下差异:

(1)给定剪切强度参数 φ、c,当稳定系数小于 1 时,传递系数法计算所得到的稳定系数小于改进的传递系数法特解计算所得到的稳定系数;当稳定系数大于 1 时,传递系数法计算所得到的稳定系数大于改进的传递系数法特解计算所得到的稳定系数。稳定系数与 1 差别越大,改进的传递系数法特解与传递系数法计算所得到的稳定系数差别也越大。一般情况下,当稳定系数小于 1.5 时,两者相对差不超过 2%。

(2)给定稳定系数进行反演分析、求解滑动面剪切强度参数时,给定稳定系数等于 1,两者求得的剪切强度参数完全一致;对于正在蠕变的滑坡,给定稳定系数小于 1,传递系数法求得的剪切强度参数比改进的传递系数法特解求得的剪切强度参数大;对于处于稳定的滑坡,给定稳定系数大于 1,传递系数法求得的剪切强度参数比改进的传递系数法特解求得的剪切强度参数小。

(3)给定安全系数,传递系数法计算的滑坡推力小于改进的传递系数法特解计算的滑坡推力。给定的安全系数越大,传递系数法计算的滑坡推力越小。一般情况下,当安全系数小于 1.25 时(安全等级为Ⅰ级的滑坡基本工况所对应的安全系数),两者相对差不超过 15%。滑坡推力越大,两者相对差越小。当滑坡推力大于 1 000kN 时,传递系数法计算所得到的滑坡推力一般大于改进的传递系数法特解 90%,当滑坡推力很小时(如单宽滑坡推力小于 250kN/m),两者相对差将超过 15%。

2. 改进的传递系数法可以用于牵引式滑坡的稳定性评价

滑体条块间出现拉应力,表明滑坡分段平衡状态,靠近剪出口段稳定系数小,远离剪出口段稳定系数大,出现拉应力部位为二者的结合部位。滑坡的变形破坏方式为前缘局部牵引式滑坡。传递系数法不能通过计算机自动识别牵引式滑坡,并计算其稳定系数,所计算的是滑坡沿给定滑动面整体滑动时的稳定系数。计算所得到的稳定系数偏大,可能遗漏不稳定的滑坡,从而导致灾难性的后果。

改进的传递系数法通过导入当 $E_i<0$,令 $E_i=0$ 的必要条件,可利用计算机自动识别牵引式滑坡,并计算其稳定系数,克服了传递系数法的重大缺陷。

(四)计算实例

1.滑体条块间不出现拉应力的情况

分别以湖北省三峡库区秭归县千将坪基岩顺层滑坡、石佛寺、重庆市万州区磨子坪、云阳寨坝第四系松散堆积体岩与基岩接触面滑坡和广西南宁市荣和山水美地半成岩岩体滑坡为例加以说明(表 7-2),限于篇幅,只列出计算结果。

表 7-2　典型滑坡稳定系数及最后条块的滑坡推力(精度 1‰,安全系数 1.25)

方法	项目＼滑坡	石佛寺	千将坪	磨子坪	寨坝	山水美地
改进的传递系数法	稳定系数	1.133	1.066	1.299	1.196	1.109
	滑坡推力(kPa/m)	13 364.98	28 565.78		138.41	1 126.58
传递系数法	稳定系数	1.135	1.070	1.312	1.211	1.113
	滑坡推力(kPa/m)	12 237.19	27 794.94		90.83	1 067.32
相对差	稳定系数	2‰	4‰	1%	1%	4‰
	滑坡推力	8%	3%		34%	5%

表 7-2 中,传递系数法与改进的传递系数法相比较,5 个滑坡的稳定系数有 3 个相差不超过 4‰;2 个相差为 1%,该两个滑坡由传递系数法计算的稳定系数均超过了 1.2。在给定安全系数 1.25 的条件下,4 个滑坡的滑坡推力有 3 个相差小于 10%(由传递系数法计算的滑坡推力大于 1 000kN/m),1 个滑坡的滑坡推力相差 34%(由传递系数法计算的滑坡推力仅 90kN/m)。

2.滑体条块间出现拉应力的情况

以重庆市丰都南竹园滑坡为例,滑坡物质组成主要为粘土夹碎石及少量块石,滑动面的内聚力为 15kPa,内摩擦角为 12.5°,天然重度为 21.4kN/m³,饱和重度为 22.5kN/m³,地表荷载仅为少量的房屋,计算时不予考虑,考虑地下水的影响。计算剖面如图 7-9 所示,传递系数法和改进的传递系数法稳定系数计算结果如表 7-3 所示。在安全系数为 1.20 时(安全等级为Ⅱ的滑坡基本工况所对应的安全系数),滑坡推力如图 7-9 和图 7-10 所示。

表 7-3　稳定系数及滑坡推力(安全系数取 1.20)

计算方法	传递系数法	改进的传递系数法
稳定系数	1.150 1	1.079 2
最后条块滑坡推力(kN/m)	918.9	1 839.0

从计算结果看,由于条块出现了负的剩余下滑力,传递系数法计算的稳定系数比改进的传递系数法的稳定系数大 0.071。取安全系数 1.2 时,传递系数法计算得到的各条块的滑坡推

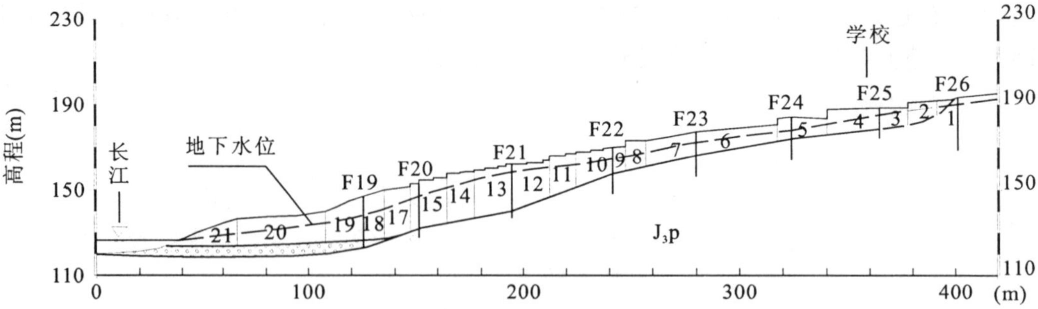

图 7-9 计算剖面示意图

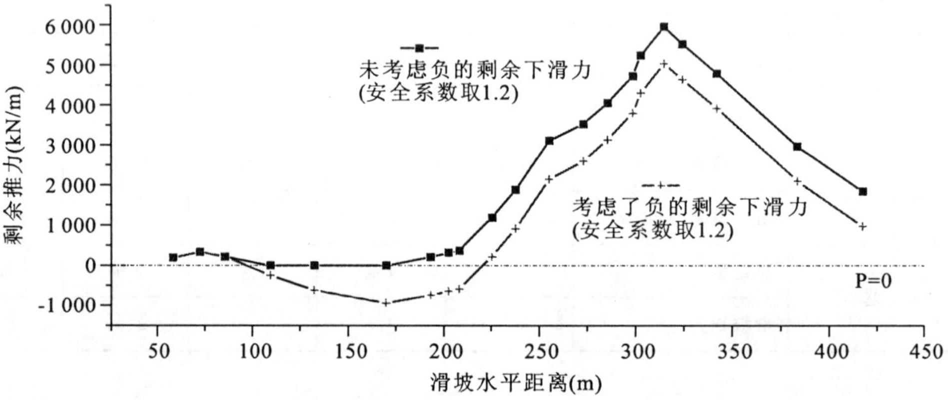

图 7-10 改进的传递系数法和传递系数法滑坡推力对比图

力均比改进的传递系数法小(图 7-10),且最后一条块的滑坡推力小 50%(表 7-3)。

(五)问题与讨论

(1)改进的传递系数法是在滑动面破坏服从 Mohr-Coulomb 破坏准则的条件下,根据准超载法,基于静力极限平衡条件所推导的半精确条分法,无条件满足 Morgenstern & Price 提出的合理性限制条件 1,在滑坡所有条块间作用力均大于或等于零的条件下,传递系数法仅仅是改进的传递系数法特解的近似解。

(2)在滑坡所有条块间作用力均大于或等于零的条件下,用传递系数法代替改进的传递系数法所得到的稳定系数相差很小;当滑坡推力大于 1 000kN/m 时,二者计算所得到的滑坡推力相差也不大(一般不超过 10%),但当滑坡推力较小时,二者计算所得到的滑坡推力相对差较大。因此,在滑体条块间不出现拉应力的情况下,用传递系数法代替改进的传递系数法,计算滑坡稳定系数是可行的;当滑坡推力大于 1 000kN/m 时,用传递系数法代替改进的传递系数法计算滑坡推力问题不大。但当滑坡推力较小时,二者计算所得到的滑坡推力相对差较大,应谨慎对待。

(3)当滑坡条块间出现拉应力时,传递系数法不满足 Morgenstern & Price 提出的合理性限制条件 1,计算所得到的滑体稳定系数明显偏大,可能遗漏不稳定的滑坡,在给定的安全系数条件下,所计算的滑坡推力严重偏小,可能导致灾难性的后果。

(4)虽然改进的传递系数法稳定系数计算公式为隐函数,相比显函数的传递系数法计算复杂，但现今计算机技术的高度发展，使得隐函数的计算不成为难题。为安全考虑，在遵从现有规范的前提下，用改进的传递系数法取代传递系数法势在必行。

二、关于抗滑桩（或桩板式墙）的计算

（一）问题的提出

桩板式挡土墙上承受的土压力计算是一个比较成熟的问题，这些荷载分解到挡土板上，根据不同的考虑有两种结果：一是抗滑桩间距较大，土体中无土拱效应形成，挡土板有较大的刚度，能直接承受桩板式挡土墙后的土压力（或滑坡下滑力）；二是抗滑桩间距合适，土体中有土拱效应形成，挡土板有一定的柔度，或后于抗滑桩施工，承受桩间卸荷拱内土体的压力。前者的土压力直接取整体桩板式挡土墙上的下滑力（或土压力），后者因挡土板支挡的土体少，荷载明显减小，因此十分经济，且并不因为墙板的刚度减小而增大桩的荷载，是受力合理的结构形式。

卸荷拱内土压力作为洞室顶部荷载的计算已是一个古老的方法，但用于挡土板水平土压力计算还不多见。因为墙板上的卸荷推力一般不大，对结构总体稳定影响不大，常被人们忽视，现通用的做法是以斜坡下滑力作为设计荷载，经常导致所设计的挡土板尺寸过大呈梁，设计过于保守，投资浪费严重。

（二）土拱效应

许多工程实例表明，抗滑桩是治理滑坡的一种有效措施。当抗滑桩设置于斜坡岩土体中，桩结构形式和间距合适，斜坡稳定状况能有相当程度的提高，其改善了斜坡的稳定性。一个非常值得关注的现象和事实：原本濒临失稳的斜坡岩土体并不会从抗滑桩间坍滑出来，说明当抗滑桩以一定形式布置于岩土体中，于岩土体中形成了似拱非拱——土拱。

关于土拱效应的形成机理问题，国内外的研究报道不多。岩土体中拱作用的产生与拱结构物不一样。拱结构是把材料制成拱形状，在荷载作用下发挥其承受压力的作用。而土拱有其自身形成过程，由于土体具有颗粒间的粘结力与摩阻力，所以具有形成土拱的前提，在荷载或自身重力的作用下，土体产生压缩，受力条件不一致时，将产生不均匀位移。由于位移的不均一性，致使土颗粒间产生互相“楔紧”的作用，于是就在一定范围的土层中产生“拱效应”。土体中虽然不存在这样的宏观楔紧块，但土颗粒中可以产生这种互相楔紧的微观作用，也称为“拱效应”。

（三）受力分析及结构设计

设置于岩土体中桩板式挡土墙要发挥作用，结构本身要变形，两桩之间的土体有一定程度的变形。斜坡岩土体中的土拱形成过程，是岩土体调整自身内力分布的过程。土拱效应主要是利用土体抗压性能好、抗拉能力差的特点，是土体受力变形后自我优化调整的结果。因此，在滑坡推力均匀分布于桩间岩土体的假定下，可以认为土拱（平衡拱）的形状如图 7－11 所示。

设土拱跨度为 L，拱高为 b，其后作用均布水平荷载 F，桩作为拱支座，在拱后推力作用下必然会产生一定的位移。土拱能适应位移而不发生破坏，说明该土拱为静定结构拱，即三铰拱。

基本假定如下：

(1)桩及桩间土体共同承受其后滑坡推力的作用，应是三维空间问题，为简化研究，将其简

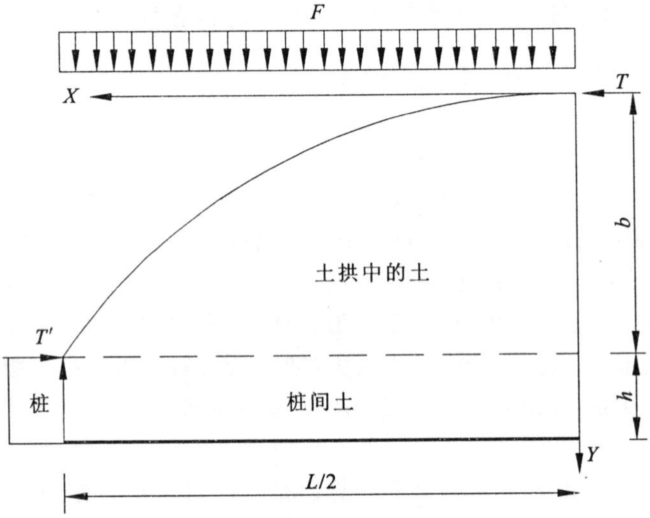

图 7-11　土拱基本结构图

化于一单位厚度的水平土层上进行，化三维空间问题为二维平面问题；

(2)土质为各向同性，即在单位厚度的水平土层内，宏观上土质是均匀的；

(3)不失一般性，假定桩后作用的滑坡推力为水平方向，且为矩形分布；

(4)桩间距合适及岩土质性状具成拱性，桩间能产生稳定土拱。

由结构力学，在均布荷载下，三角拱的合理拱轴线是一条抛物线，其各个截面上弯矩及剪力为零。因该结构为一对称结构，取半拱进行研究，如图 7-11 所示，其合理拱轴线方程为

$$y=\frac{4b}{L^2}(L-x)x \tag{7-14}$$

由力及力矩平衡可得

$$\sum x=0 \Rightarrow N=\frac{pL^2}{8b} \tag{7-15}$$

$$\sum y=0 \Rightarrow V=\frac{pL}{2} \tag{7-16}$$

$$\sum M_A=0 \Rightarrow V=\frac{pL^2}{8b} \tag{7-17}$$

式中：H、V——拱支座处的反力；

N——拱顶部截面处所受轴力。

在拱脚处，为了保证拱在水平方向的稳定性，则拱脚处推力量应小于拱脚处土体与桩侧之间的最大摩擦力，得

$H \leqslant f \cdot V$，取其极限状态得

$$H=f \cdot V \tag{7-18}$$

式(7-18)中 f 为桩侧与土体之间的静摩擦系数，且有 $f=\tan(\delta)$，δ 为桩侧与土体之间的摩擦角。如 δ 大于土体的等值内摩擦角 φ_s[为安全考虑，一般取 φ_s 为 φ(土体的内摩擦角)]。

将 H、V 及 H 的表达式代入(5)式并化简可得

$$b = \frac{L}{4\tan(\varphi)} \tag{7-19}$$

根据普氏理论，有

$$y = \frac{x^2}{Lf_{kp}} \tag{7-20}$$

式中：f_{kp}——普氏岩土体坚固性系数，其他符号意义同上。

当 $x = \frac{1}{2}L$，$y_{\max}(b) = \frac{L}{4f_{kp}}$ 为平衡拱矢最大高度。

挡土板结构设计第一步就是确定其荷载，根据式(7-19)或式(7-20)确定的土拱曲线方程并确立最大拱矢高度。从施工方便角度而言，挡土板因其结构相对其他结构而言是微小的，结构不宜存在太多或太大的变化，其结构计算以其处于最大拱矢高度处的截面为控制截面。其主控截面如图 7-12 所示。

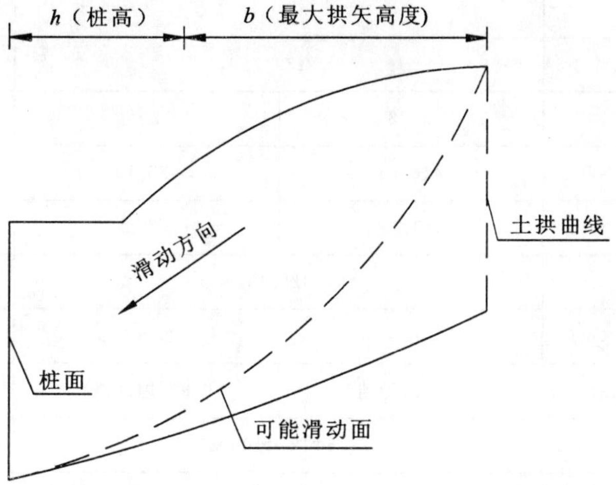

图 7-12　挡土板结构设计主控截面示意图

分析由抗滑桩桩面与土拱曲面确立的岩土体可能滑动区，分别按有限范围内主动土压力法则计算主动土压力和搜索滑面计算岩土体剩余下滑力，以其较大者作为挡土板的设计荷载。

值得注意的是：在计算主动土压力后，应校核主动土压力滑裂面是否在岩土体自由可能滑动区，否则应舍弃，直接采用滑坡下滑力作为挡土板的设计荷载。

(四)工程实例分析及讨论

三峡库区某滑坡治理工程，坡体组成物质为土质，结构疏松，滑坡前缘拟建一条公路，经综合分析和方案比较，拟采用桩板式挡土墙，即以抗滑桩提高滑坡整体稳定性，以桩间挡土板处治桩间土的坍塌对下缘拟建公路的威胁。

滑坡前缘覆盖层厚 11～12m，为崩坡积物，其中 0～6m 段为碎块石土，土的含量较高，一般为 60%～70%，其下为碎块石夹土。基岩为三叠系中统巴东第二段。滑坡体主要物理力学性质如表 7-4 所示。

普氏岩土体坚固性系数 f_{kp} 取为 0.5，抗滑桩结构尺寸为 2m×3m，桩中心距设计为 5m。

挡土板结构设计过程如表 7－5 所示。

表 7－4　滑坡体主要物理力学性质

类　型	天然重度(kN/m³)	饱和重度(kN/m³)	内聚力 c(kPa)	内摩擦角 φ(°)
边坡体	18.5	20.6	20	23.4
土体潜在破坏面			20	22

表 7－5　挡土板结构设计过程一览表

		改进方法		传统方法
		结构力学的方法	普氏公式	
最大拱矢高(m)		2.32	2.0	
桩高(m)		3.0		
桩受荷段高度(m)		12.77		
自由滑移区长度(m)		5.32	5.0	
荷载计算	土压力(kN/m)	416.68	428.19	
	下滑力(kN/m)	101.28	123.2	
设计值(kN/m)		428.19		1 470.10
结构尺寸	截面(m×m)	0.20×0.5	0.20×0.5	0.3×0.5
	深度(m)	7.39(理论值)	6.90(理论值)	12.77
主筋配置(混凝土为 C30)		2×6Φ12,Φ10@300		2×10Φ16,Φ10@200
单板造价比较		比较基数,取为 1		1.83

从表 7－5 可知,采用改进方法,挡土板理论上不需要设置全受荷段(裸露地表部分),但从维护边坡长期整体稳定性和施工的要求,仍采用了全段设置。按改进法设计的挡土板支护的边坡,据目前边坡变形监测资料,效果是明显的,与混凝土板效果基本无差别。

以改进法挡土板造价为比较基数,取为 1,则同等条件下,传统方法造价为 1.83,即改进法挡土板设计工程比原方法可节省 45.36%。

桩板式挡土墙与斜坡岩土体的相互机理是相当复杂的,土拱效应的实质机理目前工程界研究得还不是十分深入。在做了一系列合理的假设后,简化了问题,得出如下结论。

(1)理论上桩板式挡土墙设置不必贯穿抗滑桩整个受荷段(裸露地表段),但从施工角度出发,应全部设置。

(2)基于土拱效应的挡土板设计方法在理论上是可行的,其节省投资 45.36%(对比原设计方法),在工程实际中可推广。

(3)采用普氏公式计算出的挡土板的设计荷载比结构力学方法得出的结论偏大,可能是普氏系数与岩土参数取值的差异造成的,所以,岩土基本参数的取值对结构的设计相当重要。精确的理论却无准确的参数作基础，那就是不精确的理论。

第四节　工程实例

一、万州城区长江左岸岸坡防护工程

重庆市万州区长江左岸需进行塌岸防治的岸坡共计 14 段，纳入塌岸治理范围长度为 9.2km，按其岩性组成及结构特征分成岩质岸坡、岩土混合型岸坡、土质岸坡 3 种类型，其中岩质岸坡占 17.2%，岩土混合型岸坡占 35.4%，土质岸坡占 47.4%。岩质岸坡按照岩性的软硬组合又可分为上硬（砂岩）下软（粉砂岩、泥岩）型、上软下硬型和中间软上下硬型岩质岸坡。岩土混合型岸坡、土质岸坡可分为滑坡、变形体、残坡积堆积阶地和风积、冲积堆积等。

（一）瓦窑背-龙船寺段

本段岸坡为混合型岸坡，上覆第四系粘土夹碎石，下覆基岩为粘土岩与粉砂岩不等厚互层，岸坡的主要破坏方式为剥蚀性垮塌。

治理措施：对 177m 高程以下的土质岸坡坡面修整后进行干砌块石护坡，并在坡脚处设护脚挡墙。

（二）龙宝河 2、3、4 段

岸坡覆盖层由第四系崩、坡积物，残、坡积物和河流冲、洪积物组成，基岩则由侏罗系中统上沙溪庙组第三段第四层的第二小层和第三小层组成。

治理措施：对土质岸坡采用干砌块石护坡，坡顶用干砌块石封顶，坡脚设脚槽；对于淹没线下宽缓阶地，蓄水后可以形成水下稳定边坡，不影响淹没线以上岸坡的稳定，不采取防治措施。

（三）杜家院子-明镜滩牛奶场段

该段为构造侵蚀堆积河谷地貌，呈圈椅状地形，椅口朝向长江，其后缘及两侧为斜、陡坡。

治理措施：对塌岸后影响建筑物安全的土质岸坡，在等高线 177m 处设置重力式挡土墙，挡土墙墙顶高程 177m，墙底坐落在基岩上；对原天然边坡进行修整后用块石护坡防治岸坡再造。对塌岸后不影响建筑物安全的岸坡不进行防治。

（四）乳酸分厂-向家院子-东方制药厂段

大河沟尾段为人工弃土区，结构松散，塌岸再造强烈，破坏型式为侵蚀、剥落和滑移型，危害性大。防治措施采用削坡回填压脚，177m 以上坡比为 1∶3，草皮护坡，177m 高程以下按 1∶3.5回填，干砌石护坡，坡脚设浆砌石脚槽。

向家院子段为崩坡积下伏粘土岩岸坡，岸坡在天然状态下整体处于稳定状态，蓄水后在水位降落时不稳定，岸坡破坏方式为侵蚀、剥落和滑移型，防治措施为挂网锚喷支护＋挡土墙＋放坡。对粘土岩挂网喷护，对上部覆盖层，用挡土墙支挡，墙顶高程 170.0m，以上按 1∶3 放坡至 177.0m 高程，坡面用干砌块石护坡。

（五）三水厂-三峡果汁厂段

本段岸坡覆盖层薄，基岩近水平，不存在整体滑动破坏，但由于存在平行岸坡的裂隙及卸荷作用，水位的反复升降会加剧陡崖的剥落，水库高水位还将影响到陡崖以上覆盖层的稳定，

出现第四系土层的侵蚀性塌岸，岸坡破坏型式为侵蚀、剥落和崩塌。

治理措施：挡土墙＋放坡＋挂网锚喷支护。对局部下凹上悬的部位用混凝土进行填补，对陡崖进行挂网锚喷支护。陡崖上覆覆盖层防护措施为在距覆盖层前缘约 7m 处设浆砌石挡土墙进行支挡，其上按 1∶2.5 削坡，坡面采用干砌块石护坡，保护陡坎以上覆盖层土体的稳定，如图 7－13 所示。

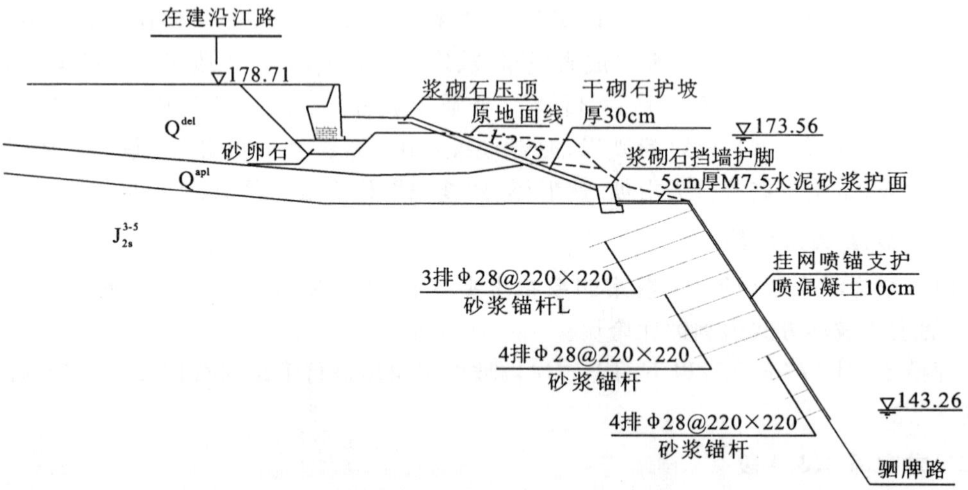

图 7－13　三水厂-三峡果汁厂段塌岸治理措施

(六)纸房沟右岸 1 段-葡萄糖厂段

岸坡为土质岸坡，覆盖层厚度 12～24.3m，地形坡度 15°～25°，蓄水后处于临界稳定状态，岸坡为滑移型、侵蚀～剥蚀型及坍塌型破坏。

治理措施：削方减载及回填压脚。以变形体后缘周边为界，由上而下开挖直至高程 200m 平台，坡面按 1∶2.0 放坡，每 4.0m 高差设一条宽约 4.0m 的台阶；对 177m 高程以下的边坡面，利用削坡开挖的碎石土进行回填压脚，回填坡比为 1∶3。回填坡面采用干砌块石护坡，底部设浆砌石脚槽。

(七)李子林-西山公园段

本岸坡段为混合型岸坡，由斜坡、陡崖、缓坡（平台）组成，下部沿驷马桥冲沟、长江江岸一带为斜坡区，地层岩性上部由第四系残坡积、洪洪积的粉质粘土、粉质粘土夹碎石组成，下覆泥岩夹粉砂岩；中部由长石砂岩构成陡崖，高 15～27m，为上硬下软、上陡下缓的逆向边坡结构。受构造裂隙、卸荷裂隙、风化裂隙等作用，局部地带岩体裂隙发育。岸坡破坏形式为侵蚀～剥蚀型及坍塌型破坏。

治理措施：挡土墙＋干砌块石护坡。对易发生坍塌破坏的第四系土层在 177m 高程修建重力浆砌石挡土墙，防止 177m 高程以上土体在库水作用下发生坍塌，对陡崖局部地带形成的四处危岩体应清除。体育场段在 169.7m 高程以上按 1∶3 回填放坡至 177m 高程，坡面以干砌块石护坡。体育场临长江一带采取在沿江路外侧设排桩式锚索挡土墙进行支挡，对临江强风化岩层清除表层松散覆盖层后挂网锚喷支护（图 7－14）。

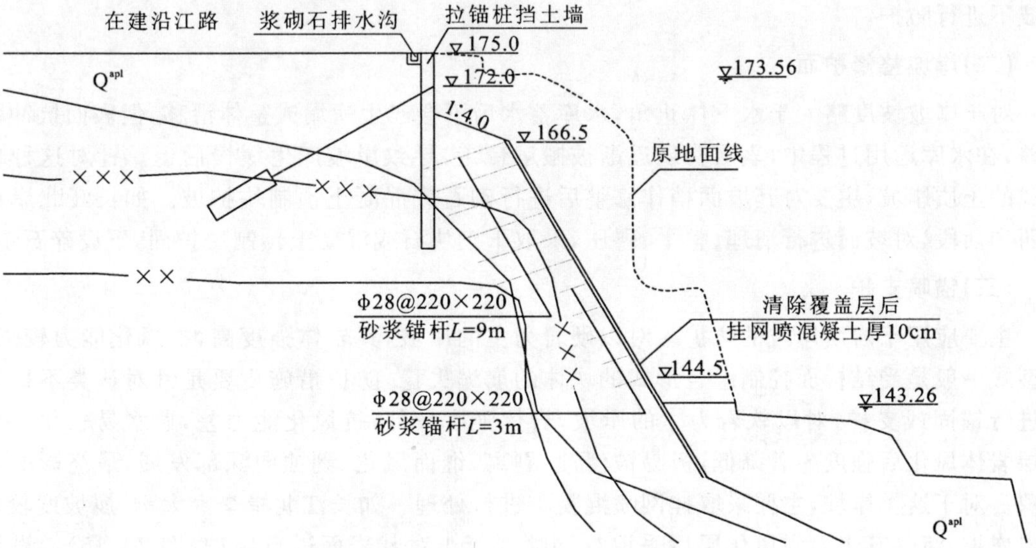

图 7-14 李子林-西山公园段塌岸治理措施

二、奉节新城区岸坡防护工程

奉节新城区岸坡总长 35.16km,共发育崩滑体 50 余处,大小冲沟 42 条。坍岸主要发生在第四系岸坡地带。第四系岸坡主要由块石、碎石、碎块石夹土、砾质砂、粗~细砂、粘土夹碎块石和粘土等物质组成,厚度不等。其中坍岸部分岸坡线总长约 26.27km,滑坡部分岸坡线总长约 8.89km。根据地质属性,主要由岩质岸坡和土质岸坡组成,其中岩质岸坡 16.76km,占 47.68%,主要岩性为三叠系中统巴东组(T_2b)第一、二、三段;土质岸坡 18.4km,占 52.32%,主要由第四系堆积物组成,其分布类型有冲积层、冲洪积层、残坡积层、崩塌堆积体、滑坡堆积体、坠覆堆积体和人工堆积体。

三峡水库蓄水后奉节县城库水位较年均洪水位抬升约 55m,水位变幅达 30m。在库水及波浪等因素长期作用下,大部分岸坡将发生严重的坍塌。根据地质预测,再造宽度最宽达 100 余米,大部分临江建筑物和部分城市建设用地均在岸坡再造范围内。因此在新城建设格局已定的条件下,为保护国家及人民群众生命财产安全,保护城市建设用地和临江建筑物,保障城市功能,必须对奉节新城区岸坡地质灾害进行治理。治理的坍岸长度(不含滑坡段)为 6.59km,主要分布在长江北岸、长江南岸和梅溪河左岸 3 片相对独立的区域。

根据不同的岩层、岩性特征和岸坡再造类型及防护对象确定岸坡治理工程措施。

(一)不采取工程措施进行治理

对于不产生岸坡再造、再造轻微及再造不影响保护对象或无保护对象时,可以不进行工程治理,或根据运行观测情况,确定如何防护。如长江北岸大河沟-8 号桥沟和鱼种场段岸坡,属土质岸坡,坡度很缓,岸坡坡度均小于组成物质相应的稳定休止角,属不会产生岸坡再造的土质岸坡,因此对这类岸坡,暂不采取工程防护措施。再如长江北岸朱衣河段,该段以岩质岸坡为主,局部为土质岸坡,根据岸坡形态,该段除郭家湾局部存在较强烈岸坡再造外,其他岸坡属于轻微再造或无再造，再造类型一般为侵蚀-剥离型，由于岸坡再造范围内没有防护对象，该段岸坡不进行防护。

(二)岸坡整修护面

对于岸坡坡度略大于水下休止角，水库蓄水后不会产生崩塌或整体滑移，但表面抗冲刷能力差，在水库运用过程中，表层物质逐渐被搬运带走，导致岸坡产生缓慢后退。针对这种再造型式的土质岸坡，主要对其坡面稍作修整后进行砌石或混凝土预制块护坡。如长江北岸黄果树西沟西段，对坡面进行清理、整平、碾压，采取干砌块石或混凝土预制块护面，下设碎石垫层。

(三)锚喷支护

主要应用于岩质岸坡的防护。对以硬岩为主的岸坡，其岩体强度高，抗风化能力较强，再造型式一般是受结构面控制组合形式的块体的崩塌失稳，防护措施主要是针对该类不稳定块体进行锚固或支护；对以软岩为主的岸坡，岩体强度较低，抗风化能力差，遇水易软化、风化。表层岩体风化后强度显著降低，极易被侵蚀、剥离，继而风化、剥蚀向深部发展，最终影响防护对象。对于这类岸坡，主要采取挂网喷混凝土进行处理。如长江北岸李家大沟，属坡度较缓的软岩岸坡，清除其表面强风化层后采取挂网喷混凝土对其岩面进行保护(图 7－15)。设计采用 C20 喷混凝土，厚度 15cm，钢筋网采用 A3 钢筋，钢筋直径 6mm，网格尺寸 20cm×20cm，锚杆钢筋直径为 25mm，间距 2.0m，长度为 3m，主要起固定钢筋网的作用。再如长江北岸常家湾段属坡度较陡的软岩岸坡，考虑长期浸水后强度降低，可能发生局部失稳破坏，因此除采用喷混凝土对其表面进行防护外，还考虑一定深度的锚杆加固，以提高整体稳定性。喷混凝土，钢筋网同李家大沟，锚杆长度为 5m，间距为 2.5m。

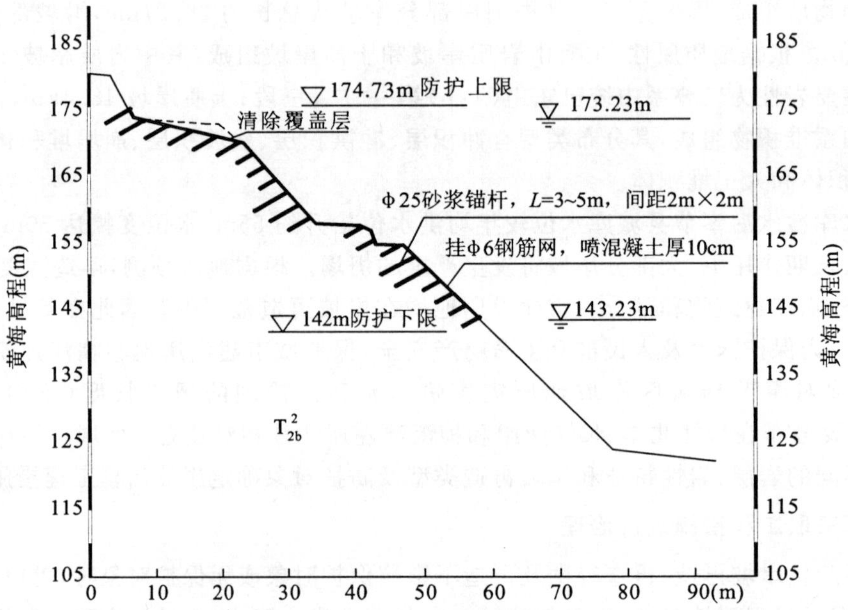

图 7－15　李家大沟段锚喷支护

(四)削坡减载

对于岸坡较陡、覆盖层较厚的土质岸坡，库水长期浸泡软化后土体物理力学参数降低，在水位往复变化和波浪作用下，将会沿着土体内部某一最不利面产生一定规模的崩塌、滑移等失稳破坏。对于该类岸坡可以采取削坡减载措施。如梅溪河左岸的熊家沟岸坡，在高程 176.5m 以上采取削坡减载的治理措施，开挖边坡采用 1∶2，为防止开挖边坡表面冲刷采用砌石或混凝土预制块护坡。

(五)人工回填压脚

对于产生坍塌型岸坡再造的土质岸坡，在坡形允许时，可以采取人工回填压脚，放缓岸坡，增加岸坡稳定性。如长江北岸桂花井东沟-7 号桥沟段岸坡、老龙洞-老县城段、长江南岸万家沟-齐家沟段均采取了人工回填压脚方案(图 7-16)。回填顶部高程 176.5m(吴淞高程)，回填坡比 1∶3，每 10～15m 高设置一级 2m 宽马道，回填料为碎块石土，回填前清除坡面腐殖质土及草、树根等杂物，回填采取分层碾压，压实度不低于 0.9，回填坡面采用砌石或混凝土预制块护坡，防止表面冲刷。

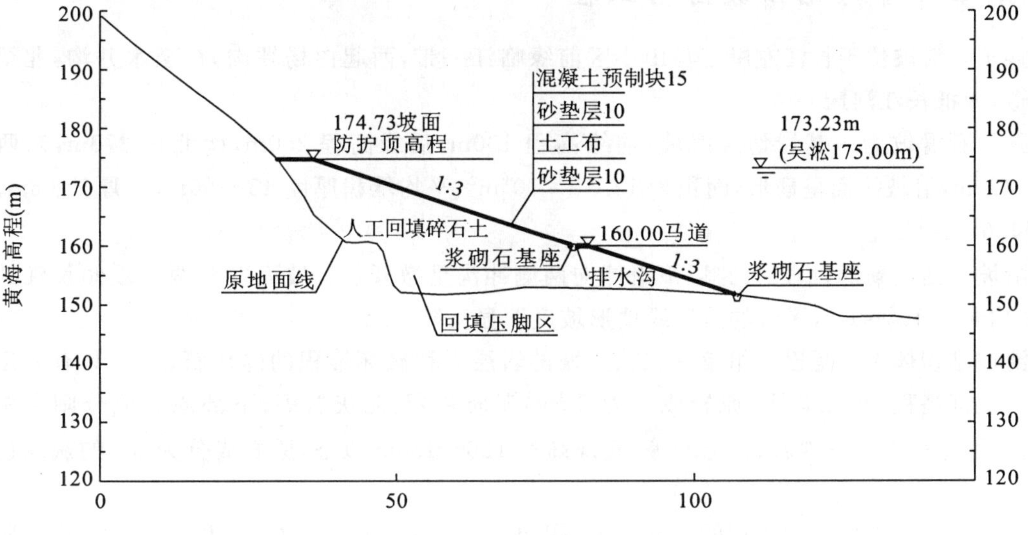

图 7-16 万家沟到齐家沟段回填压脚

(六)抗滑桩或挡土墙

对于产生坍塌型岸坡再造的土质岸坡，也可以采取抗滑桩或挡土墙等型式进行支档，使岸坡满足整体稳定的要求。如长江南岸的万家沟-齐家沟段岸坡段，在沿江路外侧沿路基布设挡土墙，挡土墙墙底高程为 174～180m，墙顶高程 189m，最大墙高 15m，挡土墙采取浆砌石仰斜式型式，基础置于基岩上。墙后填土采用无粘性的透水性材料。沿墙高和长度方向设置排水孔，排水孔间距 3m，梅花形布置，尺寸为 10cm×10cm，排水孔向外倾 5%。

(七)排水

水是影响大多数岸坡再造的重要因素，因此，排水是塌岸治理工程最常用的措施之一。奉节县新城区塌岸治理工程中，各岸坡段均设置有排水措施。在削坡减载、回填放坡的后缘及周边设置截水沟，在回填体坡面及两侧冲沟设置排水沟，截排水沟多采用浆砌石或钢筋混凝土结构，断面形式多为矩形或梯形，断面大小采用相应的降雨频率，按小面积产汇流公式或城市室外排水经验公式推算。在挡土墙墙身、锚喷支护的坡面均设置排水孔。在回填体内设置排水层或排水盲沟。

(八)综合措施

产生整体滑移型再造的土质岸坡，其岸坡稳定受某一软弱滑面控制，在库水作用及其他因素影响下，产生大规模的整体性滑移失稳。这种再造型式主要发生在滑坡地带，根据稳定性分析的具体情况确定相应的治理防护措施。主要采取：①削坡减载；②回填压脚；③抗滑桩；④地下排水；⑤坡面砌石护坡等措施。例如永安砖厂滑坡的治理措施为：对滑坡上部削坡减载，开挖出的基岩面挂网喷混凝土封闭，采用路肩挡土墙支护，部分采用坡脚反压；猴子石滑坡、丝绸厂滑坡、植物油场滑坡、永乐滑坡的治理措施为回填压脚＋地表地下排水；老房子滑坡的治理措施为：抗滑桩＋回填压脚＋地表排水。由于这种岸坡的治理属滑坡治理范畴，这里不再详细说明。

三、奉节猴子石滑坡防治工程

猴子石滑坡位于长江左岸三马山小区前缘临江一带，西起白杨坪沟，东至水井沟，北至连接大道，南抵长江河床。

猴子石滑坡为一基岩切层滑坡，前缘高程 100m，后缘高程 250m，南北长 370m，东西宽 320～420m，滑坡平面呈扇形，面积为 $12.19\times10^4m^2$，平均堆积厚度 45～60m，最厚处 66m，体积约 $450\times10^4m^3$。

滑坡平面呈扇形，沿江公路以下滑体向两侧冲沟呈撒开状。坡面发育两级缓倾长江的平台，平均倾角 10°～11°，平台的前后缘地形坡度明显变陡。

滑坡堆积体主要是巴东组第一、二、三段的岩层滑移破坏堆积的碎块石土，且具有一定的层序。上部高程 155m 以上，原岩成分为 T_{2b}^3 的泥质灰岩、泥灰岩等；下部原岩成分则主要为 T_{2b}^2 的紫红色粘土质粉砂岩、粘土岩等，底部高程 126～138m 以下，原岩成分为 T_{2b}^1 的灰绿色泥灰岩夹钙质页岩、炭质页岩。

针对猴子石滑坡治理工程的实际情况，提出的具体措施由水下抛石、库水变动带岸坡整治与护坡、沿滑带设置阶梯型钢筋混凝土置换阻滑键（以下简称“置换阻滑键”）、排水工程与安全监测（含施工监测与治理工程完工后的效果监测）5 大部分组成。

(一)水下抛石

在滑体前部一期治理工程回填体外水下抛填块石压脚，抛填体顶高程为 125m，顶宽 28～45m，坡比 1∶2.5，抛石最前缘河床高程为 79m，抛填最大水深为 60m。抛填块石 69 万 m^3，抛填面积 69 490m^2。

(二)库水变动带整治与护坡

岸坡防护对象为位于库水位变幅区的 150～175m 滑坡坡面。工程布置分Ⅰ区和Ⅱ区，对应岸坡排水系统分区，其中Ⅰ区采用回填碎石土放缓边坡的方式进行防护，格构护面，回填体中分层铺设土工格栅，间距 0.5m；Ⅱ区是对天然坡面进行适当修整后格构锚防护。

(三)置换阻滑键

置换阻滑键在高程139～176m范围内骑滑带布置，通过沿滑动方向(近南北向)连续开挖平洞和竖井，并置换钢筋混凝土连接形成。从西往东总共布置38榀，并由高程156m、166m和176m等三条施工主洞串联而成。该分部工程是滑坡治理工程的关键工程，也是难点工程。

置换阻滑键的设计思路是对滑坡一定高程范围内的滑带采用钢筋混凝土置换，提高滑带抗剪强度，从而达到治理目标。为了实现上述设计思路，施工地质工作至关重要：地质全过程跟踪与编录置换阻滑键开挖的洞室，通过对滑带的辨认，并迅速反馈到设计，设计根据滑带的实际位置调整置换阻滑键的位置及长度，进而指导施工顺利进行。

形成梯键的洞井系统由三级平洞和4条竖井及156、166和176施工主洞构成；另外，在142m高程还沿滑带布置了起定位作用的142勘探导洞。

三级平洞分别简称为156平洞、166平洞和176平洞，与平洞相对应的竖井也分三级，分别简称为S1竖井、S2竖井、S3竖井和S4竖井。S1竖井设置于156平洞南端，长17～23m；S2竖井设置于156平洞中部，长4～7m；S3竖井设置于166平洞南端，长10m；S4竖井设置于176平洞南端，长度也是10m。

(四)排水工程

排水工程包括排水洞和岸坡排水系统。

排水洞设置于175m高程的滑床基岩内，洞顶设置上仰排水孔，排水孔沿洞轴线方向的间距为1m，孔深5～20m，孔径为91mm，孔内设置包土工布的毛细渗水管的排水孔保护装置。

岸坡排水系统包括坡面排水孔，坡面纵、横向渗沟和150平台纵、横向渗沟。工程布置分Ⅰ区和Ⅱ区，坡面纵、横向渗沟仅布置于Ⅰ区。

第八章 新工艺新材料在岸坡防护中的应用

第一节 常用岸坡塌岸防治工程措施

常用的岸坡塌岸防治工程措施主要有干砌(条)石、浆砌石、抗滑桩、桩板墙、格构等。

一、干砌(条)石在塌岸防治工程中的应用

由于干砌石可就地取材，节约材料，施工技术简单，造价低廉，经常用于土坝迎水面坡和河道坡岸。

(一)干砌石法的特点

干砌石法可就地取材，节省运费，从而降低了造价，经济性好。但在取材时应选用强度大、无风化、表面密度大、吸水率小、耐水性高的石料。

施工时，技术含量低，施工非常简便。

(二)干砌石砌筑时应注意的问题

(1)砌筑时要将石块大面与坡面竖向垂直，与横向平行，砌筑前应先行试放。由于干砌石的整体性能较差，在砌筑方面应十分注意；

(2)砌筑时不能将两块薄的块石在坡面上叠放，以免出现浮搁现象；

(3)块石很薄的边口不能直接砌在坡面上或下面的块石上，以免造成坡底架空；

(4)砌石长边不能与坡面平行，这样稳定性很差，极易脱出；

(5)块石砌筑后，在其缝口处加塞小片时应塞紧，以免塞子浮在空隙里被水冲刷后脱落，造成石块松动，垫层被淘刷；

(6)反滤层设置必须严格控制，以免被水流潜蚀、掏空。

本法适用于反滤层砂砾石料、石材丰富地区，水流稳定岸坡段。

二、浆砌石在岸坡塌岸防治工程中的应用

浆砌石法与干砌石法有些类似，但浆砌石法需要大量的水泥和人力等，施工难度稍高，造价也较高。由于浆砌石法对施工的要求较高，浆砌石法在施工过程中应注意以下问题：

(1)砌石前，必须进行测量放线，沿坡面每 5～10m 设木桩一排，桩上标明砌石设计高度，纵横、对角线挂上线，作为砌石标准，以控制砌石断面；

(2)浆砌片石砌筑前应将石块清洗干净，并保持湿润状态；

(3)砌筑时应上下交错，内外搭接，块石嵌紧，不得有通缝；

(4)施工应从基座开始，由下而上分层分块砌筑；

(5)砂浆设计配合比必须准确，施工拌和要均匀，采用机械拌和时不得少于 2min，人工拌和应至少干拌 3 遍，再湿拌 3 遍至色泽均匀方可使用，不得将水泥、骨料和水同时混合拌制；

(6)砂浆拌和后必须在初凝前使用，不允许重新加水泥调制；

(7)浆砌石砌筑过程和完毕后须洒水养护；

(8)砌石表面必须美观。

浆砌石法比干砌石法稳固，外表面平整，但费用相对较高。

三、抗滑桩在岸坡塌岸防治工程中的应用

(一)抗滑桩的主要形式

普通抗滑桩，又称锚固桩，其力学原理是将滑坡滑体的下滑推力，经过桩身结构承力锚固到滑面以下即滑床之中，从而稳定和平衡坡体，达到塌岸防治的目的。在多年的岸坡整治工程实践过程中，通过力学计算，模型试验以及现场测试表明，普通抗滑桩的桩身结构存在如下 3 个方面的问题和局限：

(1)由于桩侧岩土侧向容许应力的限制，不得不扩大截面或增加桩长以满足强度设计要求。

(2)由于岸坡推力巨大，抗滑桩常需较多的钢材，给钢筋受力、布置及混凝土浇灌捣固较因难，从而使抗滑桩的普遍推广应用受到限制。

(3)由于抗滑桩桩身长度过大，带来的施工困难和技术问题在工程实践过程中日益突出。

(二)抗滑桩主要的两种方式

(1)护岸挡土型：在山体开挖前预先施工抗滑桩，然后进行开挖，可以较大角度放坡，省却大量土石方工程，且安全可靠。

(2)滑坡加固型：通过分析地形地貌及下伏地层；对已发生、预测可能发生的滑坡，抗滑桩进入稳定地层，进行加固治理。

在塌岸防治工程中主要运用的是前一种。

(三)注意事项

(1)抗滑桩施工一定要避开雨季。通过位移观测滑坡体处于相对稳定状态才允许开工，抗滑桩施工完毕才能卸荷，清理坍塌土，进行挡土墙施工或下一步工作。

(2)护壁厚度一定要保证。

(3)施工时，随时监测涌水、涌砂，及时采取封堵措施。

(4)抗滑桩桩径较大，一般采取人工挖孔，必须做好安全保证措施。

(5)抗滑桩适用范围，其松散残坡积土下应有良好地层嵌固抗滑桩，形成悬壁挡土桩。

抗滑桩对滑坡治理效果最明显，当岸坡存在整体不稳定的时候，采用抗滑桩可收到很好的效果。其缺点是施工较复杂、投资大，对桩间土作用不大。

四、桩墙复合结构在护坡塌岸防治工程中的应用

桩墙复合结构即抗滑桩与挡土墙共同作用，以达到护坡的目的。三峡库区两岸的城市地区，人口密集，移民搬迁工作量极大。一些紧邻 175m 移民线的重要建筑设施不能也不宜搬迁，如果岸坡较陡且处于不稳定或潜在不稳定状态，则必须进行不同于一般的防治工作，以满

足保证其稳定性和防止岸坡再造的双重要求。桩墙复合结构恰恰可以满足这种要求。

抗滑桩和挡土墙是塌岸防治工程中主要的方法，主要用于抗滑工作。同时，挡土墙厚重的墙体，可以和浆砌石护岸、干砌石护岸和混凝土板护岸一样防治冲刷。抗滑桩和挡土墙复合结构可以用于该类岸坡的治理，桩墙复合结构图如图 8－1 所示。

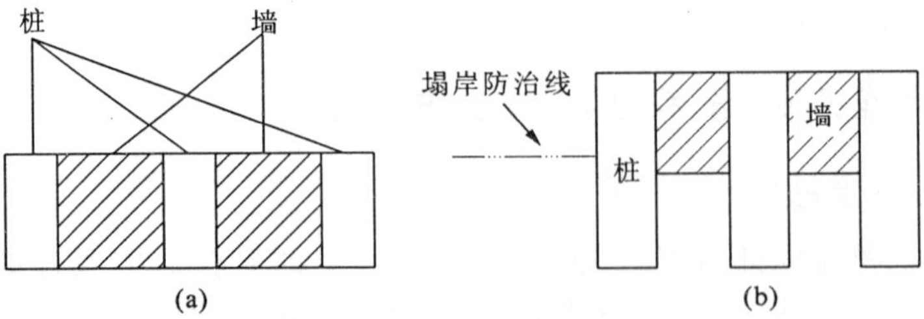

图 8－1　桩墙复合结构图

(a)平面布置图；(b)立面布置图

桩墙复合结构的工作特点：在桩墙复合结构中，抗滑桩起主要的抗滑作用，承担剩余下滑力；挡土墙主要承担两相邻抗滑桩压力拱之间的土体压力，起到挡土、防止桩间土流失和防止岸坡再造的作用。

水库岸坡抗滑桩嵌固段长度应为桩长的 1/3 以上，并且嵌固段围岩应为中风化岩体。挡土墙顶与抗滑桩顶平齐，墙基础应置于岸坡再造预测线之下，并应深入基岩 1m 以上。考虑到抗滑桩与挡土墙的变形协调，应在两者之间预留缝隙并塞填沥青。

五、格构在塌岸防治工程中的应用

格构锚固方法是利用浆砌块石、现浇钢筋混凝土或预制预应力混凝土进行岸坡防护，并利用锚杆或锚索固定的一种塌岸综合防护措施。较之常用的抗滑桩或抗滑挡墙支挡形式，这种结构的特点是不必开挖扰动岸坡，施工安全快速，具有抗滑支挡与岸坡防护及美化等综合功能。

格构锚固是一种新型支挡加固措施（图 8－2），它将整个岸坡与柔性支撑有机结合在一起，而且，施工时不扰动边坡，施工安全快捷，特别是钢筋混凝土格构、预应力混凝土格构与预应力锚索的联合应用，变被动抗滑为主动抗滑，充分发挥滑体的自承能力，是一种非常经济、有效的、应用前景广泛的支挡加固措施。通过在塌岸防治工程中的具体应用，对国内中、小型开挖人工岸坡、滑坡和变形体等，特别是对由松散堆积物质构成、削坡条件受到限制的不稳定岸坡整治加固，这种格构锚固技术具有较强的适应性。在施工生产水平或技术经济条件许可时，也可因地制宜进行结构简化或替代改造，可以利用该项技术实现快速、安全、有效地整治不稳岸坡的目的。

格构锚固设计计算的注意事项：

(1)格构梁的受力状况受弹性特征 λ、梁格间距 L_S 以及悬臂长度 a 的影响。

(2)在影响弹性特征 λ 的各参数中梁高 h 最敏感，若要调节 λ，改变梁高效果最好。

(3)在离梁端 π/λ 范围内，梁受 λ 影响，若要使梁的变形和内力呈均匀分布，宜使梁长 L 与 λ 满足 $L\lambda \geqslant 2\pi$。

图 8-2　格构锚固及结构的力学模型

(a)格构锚固实景；(b)结构的力学模型

(4)间距对梁的受力变形影响很大，设计中建议采用较小间距的格构梁以及小吨位锚索，间距宜满足 $L_S\lambda<\pi/2$。

(5)分析工程上常见的混凝土材料及岩土材料后发现，悬臂长度与 λ 关系不大，但与间距有关，建议悬臂长度 a 取为(0.3～0.5)L_S。

(6)基底反力可根据梁底的位移确定，若基底反力不满足地基承载力的要求，可改变截面尺寸；若梁宽和梁高都较大，从经济方面考虑，可采用倒 T 形梁。

(7)当格构梁刚度相对较大且梁格间距较小，即 $L_S\lambda$ 较小时，基底反力较均匀，可采用简化方法——倒梁法，即将梁视为倒置的连续梁上受均布荷载的方法来计算内力。

第二节　人工材料在塌岸防治工程中应用的适宜性研究

一、土工合成材料在塌岸防治工程中的应用

土工合成材料主要是以聚脂纤维、聚乙烯、聚氯乙烯、聚丙烯、尼龙纤维等高分子化学材料作为原材料而制成的各种类型的产品，可分为土工织物、土工格栅、土工网、土工垫、土工格室、土工膜等。土工合成材料在塌岸防治工程中的应用主要是利用了土工合成材料具有排水、反滤、隔离、加固补强、保护的性能。

(一)排水性能

土工合成材料的排水性能(drainage)，是指利用土工织物将不必要的降雨、土中多余的水分收集起来，并将其排出的性能。具有排水性能的土工合成材料必须有一定的厚度，土工合成材料的组合使用可以在二维平面上、也可以在三维空间上具有良好的透水性能。

(二)反滤性能

土工合成材料的反滤性能(filtration)，是指把土工织物铺设在被保护的土上，可起到与一般砂砾石反滤层同样的作用，既允许水流渗透通过，又避免水流将土颗粒带出，从而防止流土

和管涌现象。一般而言，单独使用土工合成材料反滤性能的场合较少，与其他性能并用的场合较多。其反滤效果取决于土工织物的物理特性，诸如孔隙大小、开孔率、厚度和压缩性等；土的粒径、级配、孔隙率、内聚力和渗透系数等；上覆应力状态；水力条件，如层流、紊流、水力梯度、单向渗流和复向渗流等条件。如图 8－3 所示为在抛石护岸的土岸里铺设土工织物反滤层，以防止水流的侵蚀、掏空土岸的应用例子。

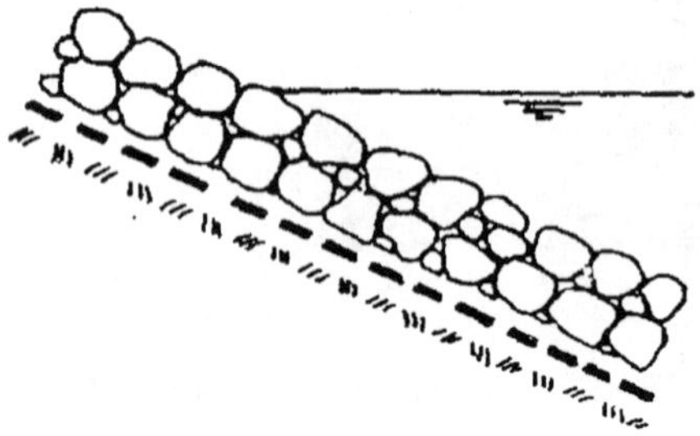

图 8－3　护岸反滤层

(三)隔离性能

土工合成材料的隔离性能(separation)，是指把土工织物铺设在两种粒径相异或性质相异材料或土之间，将它们相互隔开，以免相互混合的性能。由于土工织物具有一定的抗拉、抗刺破、抗撕裂强度和变形性能，能追随应力、变形和各种环境的变化，所以土工织物的整体连续性就可以起到隔离作用。

(四)加固补强性能

土工合成材料的加固补强性能(reinforcement)，是指利用土工织物在受剪切时发挥的抗拉作用，依靠土与土工合成材料的相互作用，分散载荷，增大土的抗变形能力，减少沉降量，从而提高土工结构的稳定性和抗变形能力。图 8－4 所示为加筋土护岸工程中的应用例子。

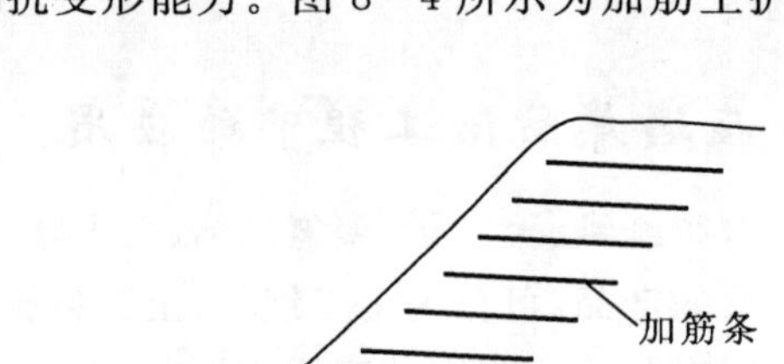

图 8－4　加筋土护岸

(五)保护性能

土工合成材料的保护性能(protection)，意为限制或防止岩土体受外界环境作用而破坏的性能，可用于防冲、防浪、防冻、防震、固砂、防止盐碱化及泥石流等。它可以分为屏障性能(screen)和防侵蚀性能(erosion control)。

土工格栅在太平溪岸坡防治工程中得到了成功的应用。

二、干砌(条)石＋土工布在塌岸防治工程中的应用

干砌石与土工布、砂砾石反滤层结合使用。与干砌石法相同,可就地取材,节约材料,施工技术简单,造价低廉,可节省大量的反滤层砂砾石材料。干砌(条)石＋土工布在塌岸防治工程中的应用参见照片 8-1、照片 8-2。

照片 8-1　万安大桥左岸干砌条石＋土工布护岸

照片 8-2　万州公园干砌条石＋土工布护岸施工完成后场景

三、预制混凝土块＋土工布在塌岸防治工程中的应用

预制混凝土块护坡具有许多优点,在长江塌岸防治工程中得到了广泛的应用(照片 8-3、照片 8-4)。

照片 8-3 万州江南新区预制混凝土块+土工布护岸施工

照片 8-4 万州江南新区预制混凝土块+土工布护岸完工后场景

(一)预制混凝土块+土工布护岸的特点

(1)预制混凝土块拼装后形成的护坡体美观;

(2)岸坡坡体中的地下水可以通过预制块中的圆孔顺畅地排出;

(3)岸坡坡度较陡或缓时均适用;

(4)具有很好的反滤性能。

(二)注意事项

(1)预制混凝土板应严格按照配合比配料;

(2)混凝土板过养生期后才准许运至施工现场,在装板和卸板现场都应有专人负责现场检查监督；

(3)铺装混凝土板时，首先要放好线选定板与板之间的缝隙，规范要求板与板之间缝隙不大于 8mm。可根据板总体尺寸平均统计数字选择 3～6mm；

(4)砂垫层必须捣实，可用鲜杨木树干做成个重 5kg 左右的木锤，把板砸实砸平，当板之间缝小时不准用瓦刀在表面撬板，防止破坏板表面，应撬动板侧面。

第三节　天然材料在塌岸防治工程中应用的适宜性研究

一、天然材料在塌岸防治工程中的应用特点

在塌岸防治工程中，发达国家越来越多地注重利用天然材料，有的甚至把原有的混凝土护岸拆除、摧毁而改用天然材料护岸，以营造自然型河流，在达到塌岸防治目的的同时，为生物生长提供天然的氛围。

充分利用天然材料，概括起来具有如下优点。

1. 减少 CO_2 的排出量

据日本统计资料，与河流相关工程机械、建材的搬运及建材制造排出的 CO_2 约占整个产业的 0.4%，其中的 73% 是水泥制造时排出的。在塌岸防治工程中使用天然材料，比使用混凝土可减少 80% CO_2 的排出量，有利于防止温室效应。

2. 不会改变周围环境的 pH 值

能适应高 pH 值碱性环境的生物非常有限，因此，保护适合众多生物生长的 pH 值范围是非常必要的。利用花岗岩和混凝土作护岸材料的对比试验结果如图 8－5 所示。由图可见，随着时间的推移，混凝土成分中的 Ca 溶解到水中，导致 pH 值上升；随着 Ca、硫酸根等离子的溶入，电子传导率逐渐上升。也就是说，天然材料花岗岩与混凝土相比，不易使环境 pH 值发生变化，溶出的离子少，有利于环境保护。

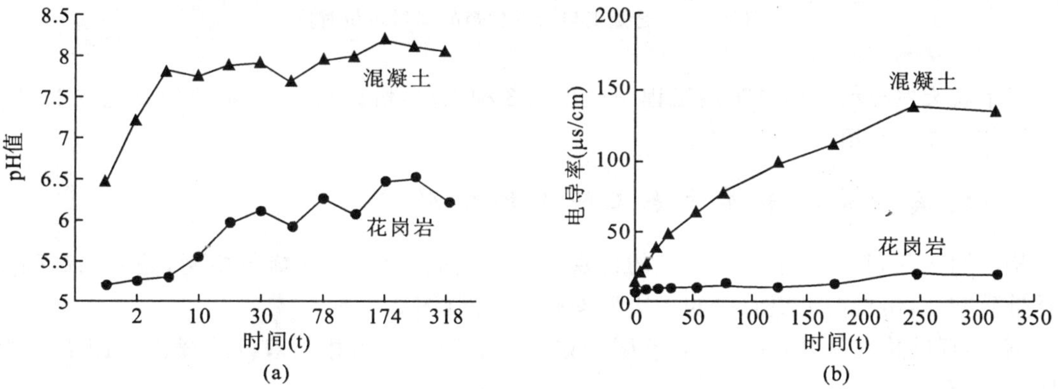

图 8－5　花岗岩与混凝土 pH 值、溶出离子比较

(a) pH 值；(b) 溶出离子

3. 有利于生物生息繁衍

天然材料、木材等含有大量的 SiO_2，是鱼、虫、藻所必需的，是寄生、筑巢栖息场所，对保护

生态链有利。

4.具有净水效果

天然材料砾石、块石中的空隙可防止氧化而造成空隙瘀堵，作为一种接触氧化过滤材料对污物起沉淀或吸着作用，或者是在天然材料表面形成由细菌、藻类、原生生物等微生物组成的生物膜，促进有机物的分解。天然石材的微生物对水质净化是长效的。

5.木材有双重有利效果

其一是木材长期地释放出腐殖物是藻类生长的必需品。腐殖物与铁等矿物质起的化学反应有利于有益藻类的生长，抑制不良石灰藻类的繁殖。其二是抑制辐射热。水中昆虫怕缺氧、怕热。混凝土容易储藏热量，释放大量的辐射热量，在夏天河流流量小的季节使水温上升。而木材的隔热性能好，辐射热量小，水温不易上升，有利于水生昆虫生长(图 8-6)。

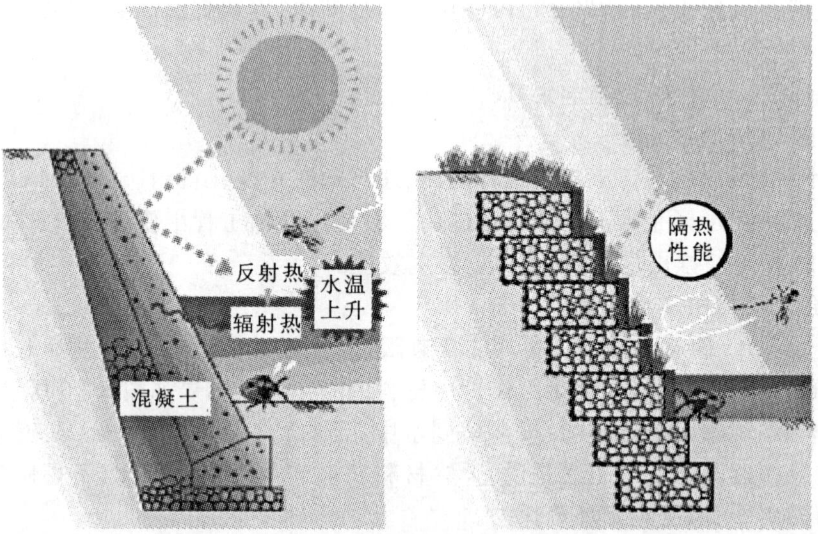

图 8-6 混凝土与天然材料的辐射热量对比

以下就天然材料在塌岸防治工程中应用的 3 种工法：格宾网垫、园木面板石笼技术和绿化槽锚固技术作一介绍。

二、格宾网垫在塌岸防治工程中的应用

格宾网垫(Gabion)，由于格宾网的外观与蜂巢相似，所以又称蜂巢格网，是采用高强度的镀锌低碳钢丝，由机器编织而成的六边形网孔钢丝网(图 8-7)。

网目，反映格宾网网孔的大小，不同规格的格宾网网目由相邻双绞线横向间距 D 与竖向间距 H 确定。

线径，即编织格宾网所采用钢丝的直径。

(一)格宾网结构的特性

格宾网结构在塌岸防治工程中应用的主要形式有格宾挡墙、格宾垫层，主要是利用了它们特有的性质，如柔性、高强度、透水性、经济性和有利于环保。

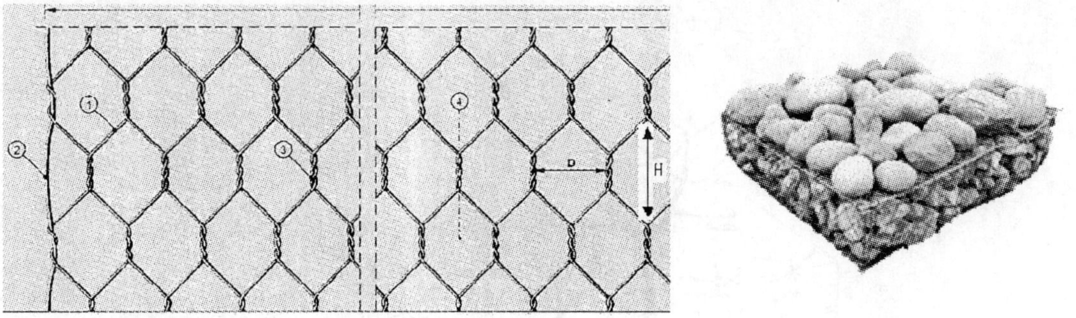

①网络线；②边缘线；③绞结线；④绞结轴线

(a)

(b)

图 8-7　格宾网及格宾网垫

(a)格宾网；(b)格宾网垫

1.柔性

柔性是格宾网结构突出的特点，编制成的网格采用双绞结构，能承受岸坡因水流冲刷引起的塌落和不均匀沉降，而且不会发生拉裂。这种特性对于不稳定河岸的护坡来说显得很重要。

2.高强度

钢丝笼体系有足够的强度，足以保护充填的块石，避免被水冲走，达到护岸作用。

3.透水性

块石具有很好的透水性，因此岸坡前后的水位差保持稳定，不会出现较大的渗透压力。如果和反滤材料合用将具有更好的排水和保土功能。

4.经济性

经济性主要体现在以下几个方面：

(1)几乎不需要维护，笼中的块石不会被水冲走；

(2)结构简单，施工简便；

(3)预制的金属网运至现场组装，在现场填料，施工方便快捷；

(4)地基不需要特别的处理，只要对场地进行平整；

(5)不需要做排水系统。

5.有利于环境保护

格宾网格结构防护工程结构中充填料间存在的空隙，为水与土体间的自然交换创造条件，为水中生物和微生物创造生存环境，从而增强水体的自净能力，有利于保护和改善水源水质。填充料间的空隙终究会被土壤填满，为绿化植被生长创造条件，实现美化环境、改善生态环境的要求(图 8-8)。

(二)格宾网垫施工

1.施工前准备

(1)清除现场块石、树根等障碍物；

(2)了解现场地质情况；

(3)修整进出场道路。

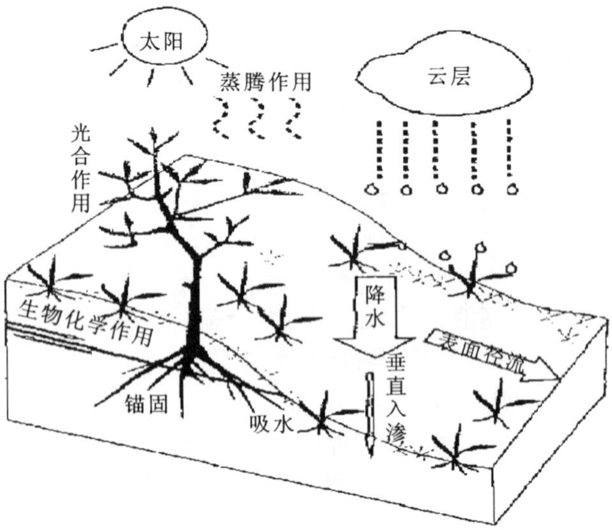

图 8－8　植物护坡示意图

2. 施工顺序

(1)按图纸要求，先进行测量放线，高于设计坡面线处用反铲削坡，低于设计坡面线处进行人工填土，严格按设计高程及坡度进行整坡，坡度用样架控制法控制。最后对坡面进行夯实，使土密度达到设计要求。施工过程中，发现局部地段含水量较大，有地下水外渗现象，当即切断水源，开挖排水沟，并将已经变松的土进行清除、换土，以保证边坡的稳定；

(2)伴随着格宾网的安装从堤脚向堤顶方向铺筑 10cm 厚砂石垫层(照片 8－5、照片 8－6)；

(3)安装格宾网石笼脚槽；

(4)铺设土工布，然后安装格宾垫层；

(5)运用现场可用机械填充石料(照片 8－7)；

(6)填充完毕后进行封盖(图 8－9)。

3. 注意事项

(1)厚度在 30cm 以下，不需使用拉筋；

照片 8－5　打开格宾网组合格宾单元

照片 8－6　垫层铺设准备填石料

(2)格宾网材可按施工要求加工成各种尺寸的网片；

(3)受季节影响，当江水降到脚槽之下时，才便于格宾垫层施工；

(4)每一级护坡都是一个独立体，相互不要联结。上级护坡传下来的力，下级传至自身坡脚的基础之上。

(a)

(b)

(c)

照片 8－7　现场可用的机械填石施工

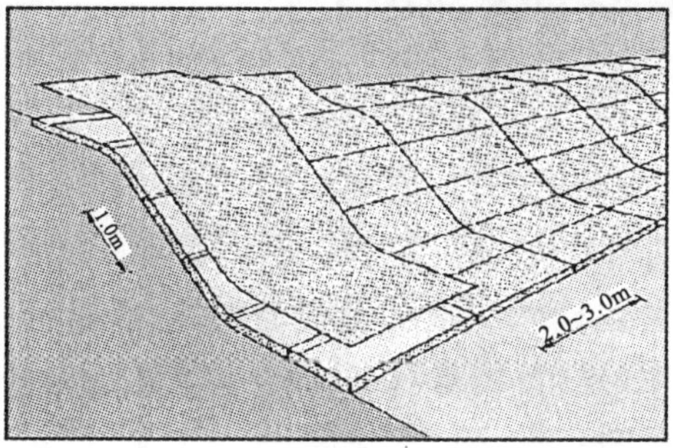

(a)

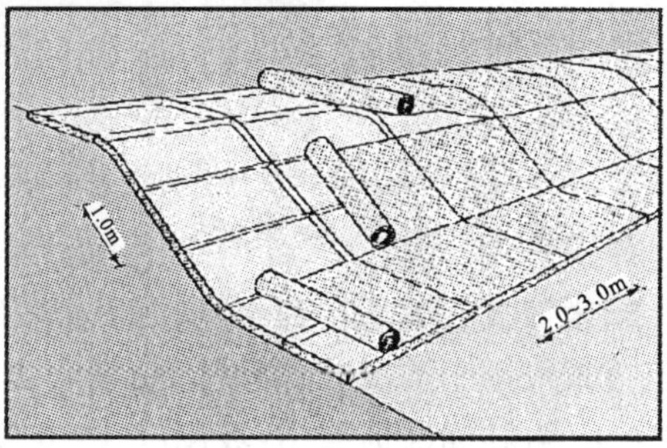

(b)

图 8－9　封盖

(a)纵向封盖；(b)横向封盖

在格宾网垫层工程中，还有一点非常值得我们注意，水上施工在岸坡先铺设格宾网箱，再填石块，然后封顶，见照片 8－8。在水下施工时则需要先填石并盖顶盖最后铺设，如照片 8－9。

照片 8-8 施工完成后的格宾网垫

照片 8-9 格宾网垫层的水下施工

三、园木面板石笼技术

园木面板石笼是一种在特殊的金属网箱前面安装由园木组成的面板的石笼，通过台阶状填筑方式可用于坡度陡、高度大的塌岸防治工程，既能确保自然景观，又能保护水边生态环境。图 8-10 为其标准剖面图，坡度在 1∶0.3～1∶1.0 之间。

园木面板石笼的特点有：

(1)在金属网箱前面安装园木的塌岸防治工程，容易与自然景观相协调；

(2)园木、金属网规格统一，现场组装简便，易于施工；

(3)面板可以更换。当园木腐朽时，面板可取代换新；

(4)园木可用当地的杉树、松树，特别对当地有大量杉树、松树可供利用时有利。

照片 8-10 为日本护岸工程中应用的几个例子。园木面板石笼工法可用于三峡工程 145～175m 水位变动带，及 175m 水位以上岸坡地段。

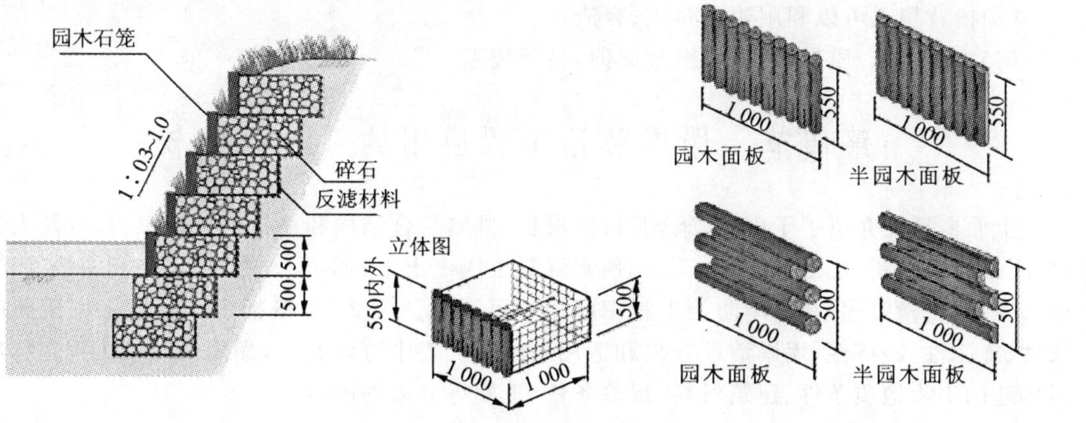

图 8-10　园木面板石笼标准剖面图(单位:mm)

(a) 长野县(据赤野田川)　(b) 青森县(据昆布挂川)　(c) 爱知县(据八田平川)

照片 8-10　天然材料在塌岸防治工程中的应用

四、绿化槽锚固技术

绿化槽锚固工法由混凝土槽、锚杆和锚板构成，分段填筑，在混凝土槽内可以种草绿化，是一种环保型塌岸防治工程措施。混凝土槽可以制成各种形状，图 8-11 为椭圆矩形混凝土槽、5 个一组的板锚固和漂石锚固形状。

图 8-11　绿化槽锚固工法组成

绿化槽锚固工法有以下特点：

(1)槽背由锚杆固定，可承受土压力、水压力作用，防止塌岸效果好；

(2)槽内培土绿化效果明显,不受地形坡度影响,景观自然、协调;
(3)槽背填土可以利用建设弃土、弃渣;
(4)中空构造,质量轻,现场组装简便,易于施工。

第四节　塌岸防治工程应用的可行性比较

上面概括地介绍了干砌石、浆砌石、抗滑桩、桩墙复合结构和格构等传统工程,以及人工材料(土工合成材料:土工格栅、土工布、预制混凝土块+土工布等)、天然材料(格宾网垫、园木面板石笼、绿化槽锚固)在塌岸防治工程中应用的可行性。表 8-1 概括出了这些工程措施的耐久性、施工性、经济性、塌岸治理效果和适用条件。从表中可以看出,塌岸的防治工程选择应根据场地的工程地质条件、建筑材料、运输条件、工期等方面的因素。

表 8-1　常用塌岸防治工程措施比较一览表

项目 防治措施	耐久性	施工性	经济性	治理效果	适用条件
土工合成材料加筋	有数据表明,埋在地下的土工合成材料,寿命至少 30 年以上	加筋材料质量轻,特别有利于施工,质量容易保证。无需大型的施工机械、无需特殊的劳动技术人员,工序比较简单	由于土工合成材料重量轻,所以它可以节省运输费用,从而降低施工费用,比较经济	护岸效果好。柔性结构,具有很好的适应变形能力	具有一定的变形特性,特别适用于允许有一定变形的柔性结构物,陡坡、缓坡均适用
格宾网垫/园木面板石笼	合金石笼能形成一个有机的整体,对抵抗复杂及高速水流的冲刷十分有利,具很好的耐久性	施工时,把折叠的格宾网打开,做成设计的网格,直接往里边填充石料即可,工序比较简单	对填充用的石料没有特别的要求。任何石料只要它们的密实性能符合设计结构的实用性及耐久性要求,就可以用来作为格宾网格结构的填充物。而且,石料的获得比较容易,比较经济	整体性强,护岸效果好;柔性结构,具有很好的适应变形能力;通过面板可以绿化	适合水动力较强环境,对陡、缓岸坡均适用
绿化槽锚固	抗腐蚀、抗风化性强,耐久性好	需事先预制绿化槽、锚杆、固定板,但施工速度快、简单,施工质量容易得到保证	对填充用的土石料没有特别的要求,比较经济	整体性强,护岸效果好;可绿化,与环境协调	适合陡、缓岸坡,水动力较强环境
预制混凝土块	预制混凝土块质量容易保证。抗腐蚀、抗风化性强,耐久性好	需事先预制混凝土块,但施工速度快,施工质量容易得到保证	比较经济	与土工布结合使用,防渗效果好,护岸整齐美观	适合稳定岸坡,对缓坡比较适用

续表 8－1

项目 防治措施	耐久性	施工性	经济性	治理效果	适用条件
格构	它将整个护坡与柔性支撑有机结合在一起，特别是钢筋混凝土格构、预应力混凝土格构与预应力锚索的联合应用，变被动抗滑为主动抗滑，充分发挥滑体的自承能力，耐久性好	不必开挖、扰动边坡，施工安全快速。与锚杆、锚索加固技术结合使用时，施工要求高	比较经济，应用广泛	具有抗滑支挡与坡面防护及植草美化等综合功能。但在水动力强的环境下，容易造成侵蚀，掏空	适合各种岸坡，如中、小型滑坡、变形体等不稳定岸坡，特别适合由松散堆积物质构成、削坡条件受到限制的整治加固
桩墙复合结构	耐久性好	技术要求高，施工难度大	钢混材料昂贵，施工困难，造价高	可同时抗滑、挡土、护坡效果好	适合不稳定岸坡，与滑坡治理结合使用。对陡、缓岸坡均适用
抗滑桩	抗滑桩本身耐久性好，但桩中间土容易失稳	技术要求高，施工难度大	钢混材料昂贵，施工困难，造价高	可抵抗巨大的滑坡推力，但桩中间土容易失稳	抗滑桩对于加固不稳定岸坡是一种行之有效的常用加固措施
浆砌石	耐久性好	人工砌筑，施工简单，无需施工机械和特殊技术	可就地取材，可省却运输费用，降低施工造价，经济	整体性能较差，护岸效果较差	适合稳定岸坡，对缓坡比较适用
干砌石	耐久性较好	人工砌筑，施工简单，无需施工机械和特殊技术	可就地取材，可省却运输费用，经济	整体性能差，护岸效果较差，容易潜蚀	适合水动力弱、静水环境下使用，对缓坡比较适用

参 考 文 献

《抗滑桩结构计算手册》编写委员会. 抗滑桩结构计算手册[M]. 北京:中国铁道出版社,1983.

包承纲. 谈岩土工程概率分析法中的若干基本问题[J]. 岩土工程学报,1989,11(4):96-100.

冯君等. 普氏理论在确定抗滑桩间距中的应用[J]. 中国铁道科学,2003,24(6):79-81.

贡金鑫,魏巍巍. 工程结构可靠性设计原理[M]. 北京:机械工业出版社,2007.

桂树强,殷坤龙,罗平. 预应力锚索抗滑桩治理滑坡应用研究岩土力学[J]. 岩土力学,2003,(10):239-245.

郭希哲,黄学斌,徐开祥,苏爱军等. 三峡工程库区崩滑地质灾害防治[M]. 北京:中国水利水电出版社,2007.

何平. 重庆三峡库区地质灾害与防治对策探讨[J]. 重庆建筑,2003,(1):11-13.

李强,管昌生. 库岸滑坡稳定可靠性分析中若干规律的探讨[J]. 岩石力学与工程学报,2002,21(7):999-1 002.

李天扶. 论三峡库区不稳定岸坡的治理目标和设计原则[J]. 西北水电,2002,(3):8-11.

刘传正. 长江三峡库区地质灾害成因与评价研究[M]. 北京:地质出版社,2007:68-132.

刘洵,娄仲连. 岩质边坡的生态恢复工程新技术研究[J]. 广东水利水电,2001,(5):21-22.

马淑芝,贾洪彪,徐光黎等. 可靠性设计[C]. 湖北省三峡库区地质灾害防治工程论文集,2005.

潘家铮. 水工建筑物抗滑稳定分析. 北京:中国建筑工业出版社,1980.

彭文轩. 加锚岩土体稳定可靠度研究及工程应用[D]. 重庆大学,2004:51-112.

山田刚二等. 滑坡和斜坡崩坍及其防治[M]. 北京:科学出版社,1980.

申润植. 滑坡整防治论和工程实践[M]. 北京:中国铁道出版社,1996.

史波,赵国藩. 锚固区锈胀开裂钢筋混凝土梁锚固可靠度分析[J]. 哈尔滨工业大学学报,2009,41(2):133-136.

苏爱军, 高宇. 三峡工程库区滑坡防治工程中的若干问题[C]. 长江三峡工程库区地质灾害勘察与防治论文集, 国土资源部环境管理司, 2003.

苏爱军,冯明权. 传递系数法的应用[J]. 地质灾害与环境保护,2002,13(3):51-55.

苏爱军,马霄汉,童广勤等. 湖北省三峡库区滑坡防治地质勘察与治理工程技术规定[M]. 武汉:中国地质大学出版社,2003.

苏爱军. 滑坡稳定性评价原理与方法——条分法的改进[M]. 武汉:中国地质大学出版社,2008.

童广勤,苏爱军. 长江三峡工程库区滑坡防治思维方式暨策略[J]. 资源环境与工程, 2009,13(5):51-55.

王恭先. 滑坡学与滑坡防治技术[M]. 北京:中国铁道出版社,2004.

徐邦栋. 滑坡分析与防治[M]. 北京:中国铁道出版社,2001.

徐光黎,马淑芝,苏爱军等. 原木面板石笼新技术在塌岸防治工程中的应用研究[C]. 湖北省三峡库区地质灾害防治工程论文集,2005.

徐俊,徐光黎,吴益平等. 信息量模型在塌岸灾害风险评价中的应用研究[J]. 地质科技情报,2005,24(增):202-206.

杨伟军，赵传智．土木工程结构可靠度理论与设计[M]．北京：人民交通出版社，2000.
叶晓明．柱板结构挡土墙板上的土压力计算方法[J]．地下空间，1999，19(2)：142-146.
余钰．重力式挡土墙结构体系可靠度分析[D]．兰州理工大学，2008：34-44.
张年学等．长江三峡工程库区顺层岸坡研究[M]．北京：地震出版社，1993.
张文居．边坡支挡结构可靠性设计探讨[D]．成都理工大学，2004：29-52.
郑功成．灾害经济学[M]．长沙：湖南人民出版社，1998.
中华人民共和国国家标准：岩土工程勘察规范（GB50021—2001）．北京：中国建筑工业出版社，2002：206-208.